Computer Science Library-17

数値計算入門
［新訂版］

河村哲也　著

サイエンス社

Computer Science Library
編者まえがき

コンピュータサイエンスはコンピュータに関係するあらゆる学問の中心にある．コンピュータサイエンスを理解せずして，ソフトウェア工学や情報システムを知ることはできないし，コンピュータ工学を理解することもできないだろう．

では，コンピュータサイエンスとは具体的には何なのか？ この問題に真剣に取り組んだチームがある．それが米国の情報技術分野の学会である ACM（Association for Computing Machinery）と IEEE Computer Society の合同作業部会で，2001 年 12 月 15 日に Final Report of the Joint ACM/IEEE-CS Task Force on Computing Curricula 2001 for Computer Science（以下，Computing Curricula と略）をまとめた．これは，その後，同じ委員会がまとめ上げたコンピュータ関連全般に関するカリキュラムである Computing Curricula 2005 でも，その中核となっている．

さて，Computing Curricula とはどのような内容なのであろうか？ これは，コンピュータサイエンスを教えようとする大学の学部レベルでどのような科目を展開するべきかを体系化したもので，以下のように 14 本の柱から成り立っている．Computing Curricula では，これらの柱の中身がより細かく分析され報告されているが，ここではそれに立ち入ることはしない．

Discrete Structures (DS)	Human-Computer Interaction (HC)
Programming Fundamentals (PF)	Graphics and Visual Computing (GV)
Algorithms and Complexity (AL)	Intelligent Systems (ItS)
Architecture and Organization (AR)	Information Management (IM)
Operating Systems (OS)	Social and Professional Issues (SP)
Net-Centric Computing (NC)	Software Engineering (SE)
Programming Languages (PL)	Computational Science and Numerical Methods (CN)

一方，我が国の高等教育機関で情報科学科や情報工学科が設立されたのは 1970 年代にさかのぼる．それ以来，数多くのコンピュータ関連図書が出版されてきた．しかしながら，それらの中には，単行本としては良書であるがシリーズ化されていなかったり，あるいはシリーズ化されてはいるが書目が多すぎて総花的であったりと，コンピュータサイエンスの全貌を限られた時間割の中で体系的・網羅的に教授できるようには構成されていなかった．

編者まえがき

そこで，我々は，Computing Curricula に準拠し，簡にして要を得た教科書シリーズとして「Computer Science Library」の出版を企画した．それは，以下に示す 18 巻からなる．読者は，これらが Computing Curricula の 14 本の柱とどのように対応づけられているか，容易に理解することができよう．これは，最近気がついたことだが，大学などの高等教育機関で実施されている技術者養成プログラムの認定機関に JABEE（Japan Accreditation Board for Engineering Education，日本技術者教育認定機構）がある．この認定を "情報および情報関連分野" の CS（Computer Science）領域で受けようとしたとき，図らずも，その領域で展開することを要求されている科目群が，実はこのライブラリそのものでもあった．これらはこのライブラリの普遍性を示すものとなっている．

① コンピュータサイエンス入門
② 情報理論入門
③ プログラミングの基礎
④ C 言語による 計算の理論
⑤ 暗号のための 代数入門
⑥ コンピュータアーキテクチャ入門
⑦ オペレーティングシステム入門
⑧ コンピュータネットワーク入門
⑨ コンパイラ入門
⑩ システムプログラミング入門
⑪ ヒューマンコンピュータ
　　インタラクション入門
⑫ CG と
　　ビジュアルコンピューティング入門
⑬ 人工知能の基礎
⑭ データベース入門
⑮ メディアリテラシ
⑯ ソフトウェア工学入門
⑰ 数値計算入門
⑱ 数値シミュレーション入門

執筆者について書いておく．お茶の水女子大学理学部情報科学科は平成元年に創設された若い学科であるが，そこに入学してくる一学年 40 人の学生は向学心に溢れている．それに応えるために，学科は，教員の選考にあたり，Computing Curricula が標榜する科目を，それぞれ自信を持って担当できる人材を任用するように努めてきた．その結果，上記 18 巻のうちの多くを本学科の教員に執筆依頼することができた．しかしながら，充足できない部分は，本学科と同じ理念で開かれた奈良女子大学理学部情報科学科に応援を求めたり，本学科の非常勤講師や斯界の権威に協力を求めた．

このライブラリが，我が国の高等教育機関における情報科学，情報工学，あるいは情報関連学科での標準的な教科書として採用され，それがこの国の情報科学・技術レベルの向上に寄与することができるとするならば，望外の幸せである．

2008 年 3 月記す

お茶の水女子大学名誉教授

工学博士　　**増永良文**

新訂版まえがき

　わかりやすさ，使いやすさを心がけて本書の初版を執筆してからすでに 12 年が経過した．幸い本書は好評で，多くの大学や高等専門学校において教科書としても採用され，版を重ねてきたのは著者の望外の喜びである．一方で，かねてから何箇所か気にかかっていた部分があったため，このたびサイエンス社の編集部から改訂のお話があったのを機会に，そういった部分を書き改めることにした．マイナーな変更を含め，書き直した部分は多くあるが，4.1 節，10.4節，11.3 節は大きく書き改めた．こういった変更により，本書がさらにわかりやすくなることを願ってやまない．

　2018 年 5 月

河村哲也

初版まえがき

　コンピュータのハードウェア，ソフトウェアの進歩とともにコンピュータの利用法は格段に広がり，目に見えるところだけでもインターネット，メール，ワープロ，パソコンゲーム，ATM 等々枚挙にいとまがなく，また多くの家電製品にも小型のコンピュータが組み込まれているなど，現在ではコンピュータは広く情報を処理する機械として生活の隅々までいきわたっている．

　このようなコンピュータの華々しい活躍の中で，本来の計算機としての役割は逆に目立たなくなってきたが，これはちょうど空気がわれわれにとって必要不可欠であるがゆえに目立たないのと同じで，コンピュータの計算能力なくしては現在の科学技術は有り得なかったといっても過言ではない．たとえば，火星に探査機を着陸させるといったことはコンピュータなしではとうてい不可能である．

　本書は，このようなコンピュータの本来の用途である数値計算を，コンピュータが実際にどのような計算法を用いて行っているかをわかりやすく解説した本

初版まえがき

である．前述のように，数値計算は科学技術にとって非常に重要であるため，代表的な計算法に対するプログラムは数多くあり，汎用ソフトウェアの形で提供されているため，極端な話，こういったソフトウェアの使い方を覚えるだけで，内容を理解しなくても，不便を感じないかも知れない．しかし，万能のソフトウェアはなく，不適当な使い方をすれば，誤差が増えたり，メモリを多く必要としたり，計算時間が長くかかるなどの問題が現れることもある．こういったことを防ぐためには，計算法の原理を知っておくことが是非とも必要である．また，短いものであれば，必要に応じて小回りのきくプログラムを自分で作っておくと便利なことも多い．

このようなことを踏まえて，本書では多くの数値計算法の中から，基本となるものおよび頻繁に使われるものを選び，それらをできる限りやさしく解説した．具体的な題材は，計算と誤差，非線形方程式，連立1次方程式，固有値，関数の近似，数値積分，微分方程式であるが，講義や学習の便宜を考え，15章に分割した．それは，多くの大学で数値計算は半年で学ぶことになっており，1回の講義で1章という目安にしたためである．また，1章はすべて4節の構成にし，1節は見開き2ページで完結するようにしてわかりやすさに努めた．

本書によって読者のみなさんが数値計算のしくみを理解し，さらに高度な数値解析といった分野の勉強をするきっかけになることを願ってやまない．また，数値計算は基礎に数学を使っているため，身近で役に立つ応用数学としての側面ももっている．ともすれば無味乾燥と思われる数学も数値計算をとおせば生き生きしたものとなり，数学に対する興味も増すのではないかと，密かに期待している．

本書の執筆はお茶の水女子大学理学部情報科学科増永良文教授に勧めていただいた．またお茶の水女子大学総合情報処理センターの佐藤祐子講師，お茶の水女子大学大学院数理情報科学専攻の関口裕子さんには本書の校正を手伝っていただいた．さらにサイエンス社の田島伸彦部長および編集部の足立豊氏には本書出版にあたりいろいろとお世話になった．ここに記してこれらの方々に対する感謝の意としたい．

2006年3月

河村哲也

目　次

第 1 章　数値計算の基礎　　　1

1.1　アルゴリズム ·· 2

1.2　漸化式 ··· 4

1.3　丸め誤差と打ち切り誤差 ····································· 6

1.4　桁落ちと情報落ち ·· 8

　　　第 1 章の章末問題 ··· 10

第 2 章　非線形方程式その 1　　　11

2.1　2 分法 ··· 12

2.2　2 分法の変形 ·· 14

2.3　ニュートン法の原理 ·· 16

2.4　ニュートン法の特徴 ·· 18

　　　第 2 章の章末問題 ··· 20

第 3 章　非線形方程式その 2　　　21

3.1　テイラー展開とニュートン法 ································· 22

3.2　連立非線形方程式 ·· 24

3.3　代数方程式（1）··· 26

3.4　代数方程式（2）··· 28

　　　第 3 章の章末問題 ··· 30

第 4 章　連立 1 次方程式その 1　　　31

4.1　ガウスの消去法（1）·· 32

4.2　ガウスの消去法（2）·· 34

4.3　ガウスの消去法（3）·· 36

目　次　　　**vii**

| 4.4 | 掃き出し法 | 38 |
| | 第 4 章の章末問題 | 40 |

第 5 章　　連立 1 次方程式その 2　　41

5.1	LU 分解法	42
5.2	コレスキー法	44
5.3	変形コレスキー法	46
5.4	トーマス法	48
	第 5 章の章末問題	50

第 6 章　　連立 1 次方程式その 3　　51

6.1	ヤコビ法	52
6.2	ガウス・ザイデル法と SOR 法	54
6.3	反復法の原理（1）	56
6.4	反復法の原理（2）	58
	第 6 章の章末問題	60

第 7 章　　固有値　　61

7.1	ベキ乗法	62
7.2	逆ベキ乗法	64
7.3	ヤコビ法（1）	66
7.4	ヤコビ法（2）	68
	第 7 章の章末問題	70

第 8 章　　関数の近似その 1　　71

8.1	ラグランジュ補間法（1）	72
8.2	ラグランジュ補間法（2）	74
8.3	エルミート補間法	76
8.4	直交多項式による補間法	78

viii 目 次

第 8 章の章末問題 · 80

第 9 章　関数の近似その 2　　81

9.1　スプライン補間法 · 82

9.2　スプライン補間法の特徴 · 84

9.3　最小 2 乗法（1）· 86

9.4　最小 2 乗法（2）· 88

第 9 章の章末問題 · 90

第 10 章　数値積分その 1　　91

10.1　区分求積法と台形公式 · 92

10.2　シンプソンの公式 · 94

10.3　ニュートン・コーツの積分公式 · · · · · · · · · · · · · · · 96

10.4　エルミート補間法の利用 · 98

第 10 章の章末問題 · 100

第 11 章　数値積分その 2　　101

11.1　ロンバーグ積分 · 102

11.2　ガウス積分 · 104

11.3　多重積分 · 106

11.4　離散フーリエ変換 · 108

第 11 章の章末問題 · 110

第 12 章　微分方程式その 1　　111

12.1　オイラー法（1）· 112

12.2　オイラー法（2）· 114

12.3　精度の向上 · 116

12.4　ルンゲ・クッタ法 · 118

第 12 章の章末問題 · 120

目　次　　　　　　　　ix

第13章　微分方程式その2　　121

13.1　予測子・修正子法 ······················· 122

13.2　アダムス・バッシュフォース法 ············ 124

13.3　連立微分方程式 ························· 126

13.4　高階微分方程式 ························· 128

　　　第13章の章末問題 ······················· 130

第14章　微分方程式その3　　131

14.1　数値微分 ····························· 132

14.2　境界値問題（1）······················· 134

14.3　境界値問題（2）······················· 136

14.4　線の方法 ····························· 138

　　　第14章の章末問題 ······················· 140

第15章　偏微分方程式　　141

15.1　移流方程式の差分解法（1）················ 142

15.2　移流方程式の差分解法（2）················ 144

15.3　拡散方程式 ··························· 146

15.4　ポアソン方程式の差分解法 ··············· 148

　　　第15章の章末問題 ······················· 150

章末問題解答　　151
あとがき　　161
索　引　　163

　本書を教科書としてお使いになる先生方のために，本書に掲載されている図・表をまとめた PDF を講義用資料として用意しております．必要な方はご連絡先を明記のうえサイエンス社編集部（rikei@saiensu.co.jp）までご連絡下さい．

第1章
数値計算の基礎

コンピュータはもともとは人間にとってはたいくつでまちがいやすく，時間もかかる計算を大量に高速に正確に行うために考え出された機械である．数値計算法はコンピュータを使って，高度な科学技術計算を効率よく行うための計算法のことであり，もちろん数学が基礎になっている．しかし，数学イコール数値計算ではない．本章では数値計算法に対する導入として，いろいろな例をあげて数学と数値計算の違いや，数値計算に現れる誤差，数値計算において注意しなければならない点について述べる．

●本章の内容●

アルゴリズム
漸化式
丸め誤差と打ち切り誤差
桁落ちと情報落ち

2　　　　　　　　　　　第 1 章　数値計算の基礎

1.1　アルゴリズム

　本書で述べる数値計算法とは，数学を使って数式で表される科学技術上の問題を，コンピュータが計算できる形になおすための方法を指す[†]．

　コンピュータが最終的に取り扱えるのは有限桁の数の有限回の加減乗除だけである．したがって，数値計算法とは数学の諸問題をそのような加減乗除になおす手続きであるともいえる．このとき，数学で成り立つ関係が必ずしも数値計算で成り立つとは限らなく，数学で有効に見えた方法が数値計算では役に立たないこともある．前者は数値計算が有限桁の世界であることが主な原因であり，後者は主に結果に到達するまでの演算量が関係する．また数値計算では効率も重要になる．すなわち同じ結果が得られる方法が複数個あった場合には，計算時間が少なくてすむ方法がよく，また場合によってはメモリが少なくてすむ方法やプログラムが簡単な方法がよいこともある．もちろん，誤差の少ない方法がよいことはいうまでもない．

　ある問題に対して実際に数値計算を行う上での計算手順のことを**アルゴリズム**という．したがって，ひとつの問題に対していくつものアルゴリズムがあってもよく，どれを用いるかは前述のとおり精度や演算量またプログラムの容易さなどで選ばれる．本節では簡単な例を用いてアルゴリズムの良し悪しを調べてみよう．

例 1　x^{33} の計算

　プログラム言語にベキ乗の演算がないとして，乗算のみで計算すると仮定する．これを正直に

$$x \times x \times x \times \cdots \times x$$

と計算したとすると，32 回の乗算が必要になる．しかし，$x^2 = x \times x$，$x^4 = x^2 \times x^2$，$x^8 = x^4 \times x^4$，$x^{16} = x^8 \times x^8$，$x^{32} = x^{16} \times x^{16}$，$x^{33} = x^{32} \times x$ と考えて，左辺の数を覚えておいて次の計算に使えば，乗算は 6 回で済む．　□

例 2　総和の計算

　n を定められた整数として，次の級数の和を求めることを考えよう．

$$S = 1 + \frac{1}{1!} + \frac{1}{2!} + \cdots + \frac{1}{n!}$$

まず，適当なプログラム言語を用いて，上式をそのまま記述したとする．このとき，除算（乗算）の数は，2項目は1回，3項目は2回，$\cdots$，$n+1$項目はn回なので，全体ではそれらの和の合計の$n(n+1)/2$回となる．一方，式の形から$k+1$項目の値はk項目の値をkで割るだけ（1回）なので，直前の値を使うようなプログラムを組めばn回の除算ですむ．ところで，この例には，kが大きいとき$1/k!$は非常に小さな数になるという問題がある．一方，1.3節で述べるがコンピュータは有限桁の計算しかできず，また実数を計算するとき**浮動小数点演算**を行っている．その場合，足す数の絶対値に大きな差があると小さい方の数は無視される．したがって，Sの値はnがある程度大きくなるとnを増やしても変化しなくなる．このことを防ぐためには和を右から計算すればよい．　□

例3　多項式の計算

$$P(x) = a_0 x^n + a_1 x^{n-1} + \cdots + a_{n-1} x + a_n \quad (a_0, a_1, \cdots, a_n\text{は数値}) \qquad (1.1)$$

のxに数値を代入して右辺を計算することを考える．式のとおりに計算する場合の演算回数を見積もってみよう．まずx^nの計算に$n-1$回の乗算が必要であるが，それまでにx^2，$\cdots$，x^{n-1}の計算は済んでいるのでそれを用いることにする．あとはこれらとa_0，$\cdots$，a_{n-1}の積の計算にn回の乗算を行うから，合計$2n-1$回の乗算になる．なお，加算は乗算に比べて計算時間は短いが，その回数はn回である．

次に，式(1.1)を

$$y_1 = a_0 x + a_1$$
$$y_2 = y_1 x + a_2$$
$$\cdots$$
$$y_n = y_{n-1} x + a_n$$

と書き換えてみる．上のように書き換えられることは代入すれば確かめられる．このようにすれば各y_jを求めるのに乗算と加算は1回ずつで，それをn回繰り返すことになる．したがって，全体で乗算がn回，加算がn回になるため，演算量が節約できることになる．　□

---

†コンピュータでは**数式処理**といって，数学で行う式の変形などを式のままで取り扱うことも可能であるが，数値計算という場合には数式処理は含めない．

4　　　　　　　　第 1 章　数値計算の基礎

1.2　漸化式

漸化式は数値計算でよく用いられる．これはふつう

$$x_{n+1} = f(x_n) \tag{1.2}$$

の形をしている．そして**出発値**または**初期値**とよばれる数 x_0 からはじめて

$$x_0, \quad x_1 = f(x_0), \quad x_2 = f(x_1), \quad x_3 = f(x_2), \quad \cdots \tag{1.3}$$

のように順次 x_n を計算する．場合によっては式 (1.2) の左辺は x_n, x_{n-1} の関数 $f(x_n, x_{n-1})$ であることもあるが，そのとき出発値は x_0, x_1 の 2 つが必要になる．さらに f が多くの $x_m(m \le n)$ に依存する場合も同様である．

式 (1.2) を式 (1.3) のようにして計算を続けて行った場合に n がある程度大きくなると x_n と x_{n+1} の値が変化しなくなることがある．それはコンピュータが有限桁で計算を打ち切っているためであるが，そのような x_n を x と書くことにする．このとき x は方程式

$$x = f(x) \tag{1.4}$$

をコンピュータのもつ有効桁の範囲で満たしていることになる．したがって，逆に式 (1.2) を方程式 (1.4) の解法に使うことができる．

たとえば

$$x^2 - x - 1 = 0 \tag{1.5}$$

の解のひとつを数値的に求めたいとする．このとき，式 (1.5) を $x = 1 + 1/x$ と書き直し，漸化式

$$x_{n+1} = 1 + \frac{1}{x_n}$$

をつくり，$x_0 = 1$ からはじめて順次計算を行うと

$$1, \ 2, \ 1.5, \ 1.6667, \ 1.6250, \ 1.6154, \ 1.6190, \ 1.6176, \ 1.6182, \ \cdots$$

のように値が変化していく（小数点以下 4 桁まで表示）．実際には式 (1.5) の解のひとつは根の公式から $x = (1 + \sqrt{5})/2 \fallingdotseq 1.6181$ となるが，確かにこの根に近づいていく様子がわかる．

式 (1.5) に対する別の漸化式をつくることも可能である．たとえば，2 乗の項だけを左辺に残し他の項を右辺に移項して両辺の平方根をとると $x = \sqrt{x+1}$ となるが，この式から漸化式

$$x_{n+1} = \sqrt{x_n + 1}$$
を得る．そこで前と同様に $x = 1$ からはじめれば

$$1,\ 1.4142,\ 1.5538,\ 1.5981,\ 1.6118,\ 1.6161,\ 1.6174,\ 1.6179,\ \cdots$$

となる．なお，少し変わった漸化式として

$$x_{n+1} = \frac{x_n^2 + 1}{2x_n - 1}$$

がある（左辺を x_n として分母を払って整理すればもとの 2 次方程式に戻る）．この場合も $x_0 = 1$ からはじめると

$$1,\ 2, 1.6667,\ 1.6190,\ 1.6180,\ \cdots$$

となる．これは他の 2 つの方法より収束が速い（理由は後でわかる）．

このように漸化式を用いて何回も反復計算して収束値を得たい場合，どこで反復を打ち切るかが重要になる．もちろん，コンピュータの有効桁すべてが一致するまで続けることも考えられるが，普通は次のような判定基準を設ける．すなわち ϵ, ε を十分小さな正数としたとき

$$|x_{n+1} - x_n| < \epsilon\ (\text{絶対誤差}),\quad \frac{|x_{n+1} - x_n|}{|x_n|} < \varepsilon\ (\text{相対誤差}) \tag{1.6}$$

とする．後者の判定基準は x の大きさに関係しないためよく用いられる．

漸化式は 1 変数に限らない．たとえば，h を定数として

$$x_{n+1} = x_n + hy_n,\quad y_{n+1} = y_n - hx_n \tag{1.7}$$

は 2 変数の漸化式である．ここで，$x_0 = 0$, $y_0 = 1$ および $h = 0.01$ の場合に，nh を横座標，x_n と y_n を縦座標にして点をプロットしたものが図 1.1 (a) であり，x_n を横座標，y_n を縦座標として図示したものが図 1.1 (b) である．

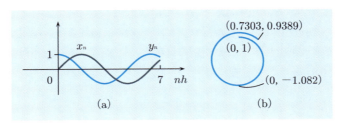

図 1.1　漸化式 (1.7) のグラフ

6　　　　　　　　　　第 1 章　数値計算の基礎

1.3　丸め誤差と打ち切り誤差

　コンピュータで計算できるのは有限桁の計算だけである．したがって無限小数（循環小数や無理数）については，コンピュータで表現しきれない桁は切捨てられたり，四捨五入されたりする（どちらをとるかは機種による）．このとき生じる誤差を**丸め誤差**とよぶ．コンピュータの内部では 10 進数は 2 進数で表現されることが多いため，たとえば 0.1 など 10 進数では有限桁で表現できる数も 2 進数では無限小数になり丸め誤差が入る．コンピュータがどの程度の**有効数字**をもっているかというと，4 バイト（32 ビット）が 1 ワードのコンピュータでは，ふつう**単精度**といった場合には 24 ビットの精度であり，これは $\log_{10} 2^{24} \fallingdotseq 7$ であるから，10 進数では有効数字は 7 桁しかない．**倍精度**にすれば 56 ビットの精度であり，この場合には有効数字は 16 桁（$\log_{10} 2^{56} \fallingdotseq 16$）に増える．ただし有限桁であることには変わりがない．

例 1　丸め誤差の見積り

　コンピュータの内部では実数は**浮動小数点**で表示される．この表示法は実数 x を β 進法（β は正の整数でふつう 2 または 16）

$$\overline{x} = \pm 0.d_1 d_2 \cdots d_t \times \beta^n = \pm \left(\frac{d_1}{\beta} + \frac{d_2}{\beta^2} + \cdots + \frac{d_t}{\beta^t} \right) \times \beta^n \tag{1.8}$$

で表現する．ただし，d_1, d_2, $\cdots$, d_t は β 未満の整数である．ここで $\pm 0.d_1 d_2 \cdots d_t$ の部分を**仮数**，n を**指数**，β を**基数**とよぶ．また，なるべく多くの有効数字を保持するためは $d_1 \neq 0$ となるように整数 n をとるが，これを**正規化**とよんでいる．

　いま実数 x を $\overline{x}$ で表現する場合，一般には桁数 t を無限に大きくしないと両者は正確には一致しない．しかしコンピュータではとれる t に制限があるため前述の丸め誤差が生じる．この誤差の見積もりに前節で述べた相対誤差評価を使い，式 (1.8) を考慮すると

$$\left| \frac{\overline{x} - x}{x} \right| < c\beta^{1-t} \tag{1.9}$$

という評価式が得られる．ここで c は切捨ての場合には 1，四捨五入のときは

1.3 丸め誤差と打ち切り誤差　　　**7**

0.5 である．式 (1.9) の右辺はコンピュータによって決まる定数で丸め誤差の指標になる数であり，反復計算における収束の判定などに用いられる．□

例2 誤差の四則

$\overline{x}$, $\overline{y}$ を実数 x, y の近似値，$\epsilon(\overline{x})$, $\varepsilon(\overline{x})$ を $\overline{x}$ の絶対誤差と相対誤差（式 (1.6) 参照）とすると次式が成り立つ．

$$\epsilon(\overline{x} \pm \overline{y}) = \epsilon(\overline{x}) \pm \epsilon(\overline{y})$$
$$\epsilon(\overline{xy}) \fallingdotseq \overline{y}\epsilon(\overline{x}) + \overline{x}\epsilon(\overline{y}), \quad \varepsilon(\overline{xy}) \fallingdotseq \varepsilon(\overline{x}) + \varepsilon(\overline{y}) \tag{1.10}$$
$$\epsilon(\overline{x/y}) \fallingdotseq \epsilon(\overline{x})/\overline{y} - \overline{x}\epsilon(\overline{y})/\overline{y}^2, \quad \varepsilon(\overline{x/y}) \fallingdotseq \varepsilon(\overline{x}) - \varepsilon(\overline{y})$$

□

　コンピュータの誤差としてもうひとつ重要なものに**打ち切り誤差**がある．たとえば，コンピュータで自然対数の底である e を計算することを考える．コンピュータで取り扱える演算は四則演算だけであるため，指数関数 e^x を四則演算で近似する必要がある．そのためによく用いられる方法に**テイラー展開**（**マクローリン展開**）がある．この展開により

$$e^x = 1 + \frac{x}{1!} + \frac{x^2}{2!} + \frac{x^3}{3!} + \cdots \tag{1.11}$$

という式が得られるため，$x = 1$ を代入して

$$e = 1 + 1 + \frac{1}{2!} + \frac{1}{3!} + \cdots \tag{1.12}$$

となる．ところがコンピュータでは無限級数の計算はできないので，式 (1.12) を用いる場合に和はある項までで打ち切り，その先は適当な操作（たとえば無視するなど）で置きかえる．このように本来は無限回の計算を行わなければ正確ではないものを有限回の計算で打ち切ったために生じる誤差を打ち切り誤差とよんでいる．

　マクローリン展開の場合には

$$f(x) = f(0) + xf'(0) + \frac{x^2}{2!}f''(0) + \cdots + \frac{x^{n-1}}{(n-1)!}f^{(n-1)}(0) + \frac{x^n}{n!}f^{(n)}(\theta x)$$

という式が成り立つ（$0 < \theta < 1$）．したがって，展開式を n 項で打ち切った場合の誤差は $|x^n f^{(n)}(\theta x)/n!|$ と見積ることができる．

1.4 桁落ちと情報落ち

同符号の数の引き算を行う場合に，ふたつの数が近ければ有効数字が消し合って 0 になるため，有効桁数が極端に少なくなる．たとえば，有効数字が 7 桁のコンピュータで実数 x の近似が $\overline{x} = 7.654321$，実数 y の近似が $\overline{y} = 7.654312$ であるとすれば，$\overline{x} - \overline{y}$ は 0.000009 となり有効数字が 1 になる．それぞれの数の相対誤差は最大限 0.5×10^{-6} であるため，差の相対誤差は最大限

$$|\varepsilon| \sim \left| \frac{(x-y) - (\overline{x} - \overline{y})}{\overline{x} - \overline{y}} \right| \leq \frac{|x-y| + |\overline{x} - \overline{y}|}{|\overline{x} - \overline{y}|}$$

$$\leq \frac{10^{-6}}{0.000009} \fallingdotseq 0.1$$

になり，かなり精度が落ちることになる．同様の現象は異符号の数の加算でも起きる．この現象を**桁落ち**とよび，数値計算を行う上で最も注意しなければならない点の一つである．桁落ちは以下の例が示すようにアルゴリズムを工夫することにより防げる場合がある．

例 1 $x(\sqrt{x^2 + 1} - x)$ （ただし $x > 0$ とする．）

x が 1 に比べて十分に大きな数の場合，$\sqrt{x^2 + 1}$ と x は近い数なので桁落ちが起きる．さらに，有効数字が 7 桁のコンピュータで計算を行ったとすると，たとえば $x = 10^4$ の場合，$x^2 = 10^8$ であるから根号内の $+1$ は無視されてしまう（このような現象を**情報落ち**とよぶことがある）．その場合は，上式の値は $10^4(10^4 - 10^4) = 0$ となり，正しい値 $0.4999\cdots$ とは全くかけ離れてしまう．

このことを防ぐためには次の変形

$$x(\sqrt{x^2 + 1} - x) = \frac{x(\sqrt{x^2 + 1} - x)(\sqrt{x^2 + 1} + x)}{\sqrt{x^2 + 1} + x}$$

$$= \frac{x}{\sqrt{x^2 + 1} + x}$$

を行うのがよい．このとき分母は同符号の加算になり，桁落ちは起きない．また $x = 10^4$ の場合に，たとえ情報落ちが起きても式の値は $10^4/(10^4 + 10^4) = 0.500000$ となり十分に精度のよい結果が得られる．　□

例2 2次方程式 $ax^2 + bx + c = 0$（ただし $b^2 - 4ac > 0$）の実数解を求めるアルゴリズム

単純には，2次方程式の根の公式を利用して，2根 x_1, x_2 を

$$x_1 = \frac{-b + \sqrt{b^2 - 4ac}}{2a}, \quad x_2 = \frac{-b - \sqrt{b^2 - 4ac}}{2a}$$

から求めればよい．しかし，b の絶対値が a, c の絶対値に比べて大きいときには問題が起きる．すなわち，b が正の場合には x_1 に，また b が負の場合には x_2 に桁落ちが起き，根号内では情報落ちが起きることもある．このことを防ぐには，まず桁落ちが起きない方の解を根の公式から求め，もう一つの解は根と係数の関係 $x_1 x_2 = c/a$ から求めるとよい．すなわち

$$b \geq 0 \text{ のとき } x_2 = \frac{-b - \sqrt{b^2 - 4ac}}{2a}, \quad x_1 = \frac{c}{a x_2}$$

$$b < 0 \text{ のとき } x_1 = \frac{-b + \sqrt{b^2 - 4ac}}{2a}, \quad x_2 = \frac{c}{a x_1}$$

から2根を計算する． □

例2の2次方程式の解法をプログラムに組みやすい形にまとめると次のようになる．

2次方程式のアルゴリズム

1. 係数 a, b, c の入力
2. もし $a = 0$ ならば2次方程式ではないため，1. に戻って再入力
3. 判別式 $D = b^2 - 4ac$ の計算
4. $D < 0$ ならば実部が $-b/2a$，虚部が $\pm\sqrt{D}/2a$ となる．
5. $D = 0$ ならば重根 $-b/2a$ となる．
6. $D > 0$ かつ $b \geq 0$ ならば

$$x_2 = (-b - \sqrt{D})/2a, \quad x_1 = c/ax_2$$

7. $D > 0$ かつ $b < 0$ ならば

$$x_1 = (-b + \sqrt{D})/2a, \quad x_2 = c/ax_1$$

10　　　　　　　　　　　　　　　第 1 章　数値計算の基礎

第 1 章の章末問題

問 1　n 次の行列式の値を定義にしたがって計算した場合の乗算の回数を求めよ．

問 2　1.3 節で述べた絶対誤差と相対誤差の積と商に関する関係式を証明せよ．

問 3　球の体積を相対誤差 1 %以内で求めたいとき，半径と π の値をどのようにとればよいか．

コラム　科学技術と数値計算その1

　数値計算は科学技術分野に必要不可欠であるが，一例を紹介しよう．われわれは空気や水に取り囲まれて生活しているが，水や空気は自由に変形でき力学的な性質が似ているため，まとめて流体という．流体の運動を支配する方程式（ナヴィエ・ストークス方程式）は 19 世紀中頃には確立されたため，原理的にはこの方程式を与えられた条件のもとで解くことにより流れの運動はすべてわかるはずである．しかし，この方程式は解くのが非常に難しく，多くの数学者，物理学者の努力にもかかわらず，ごく一部の例外を除いて，式の形での解（解析解）は知られていない．たとえば，円柱に流れがあたっている場合，円柱の背後に渦が発生するが，このような円柱背後の渦を表す解析解はわかっていない．

　一方，方程式が難しくて解けないといっても，現実にはそういった流れはあるので解は存在するはずである．このようなときに威力を発揮するのが数値計算である．すなわち，数値計算によって方程式を解いて，近似的にではあるが解を求めるわけである．上記の円柱背後の渦を，世界で初めて数値的に求めるのに成功したのは川口光年（かわぐちみつとし）という日本の研究者で 1960 年代のはじめのことであった．当時の日本ではコンピュータを利用するのはほとんど不可能で，川口先生は「手回し計算機」を 1 年半まわし続けて結果を得た．この研究は世界中から注目されたが，ご本人は 2 度とやりたくないと思われたそうである．なお，川口先生の計算は現在の性能のよいパソコンで行えば数秒もかからずできてしまう．

第2章
非線形方程式その1

x に関する方程式を $f(x) = 0$ の形に書くことにする．$f(x)$ が多項式でしかも次数が 4 以下の場合には，根を求める公式がある．しかし，それ以外の場合には根の存在がわかっていても，特殊な場合を除いて，公式の形では根は表せない．そこで数値的に根を求める必要がある．本章では $f(x) = 0$ の実数の根を少なくとも 1 つ求める代表的な方法をいくつか紹介する．これらの方法は，$f(x) = 0$ の実根が $y = f(x)$ と x 軸の交点であることを利用する．

●本章の内容●
2 分法
2 分法の変形
ニュートン法の原理
ニュートン法の特徴

2.1 2分法

関数 $y = f(x)$ が連続であると仮定する．このとき x 軸上に相異なる 2 点 a, b（ただし $a < b$ とする）を考えると，$f(x)$ は 2 点 $(a, f(a))$, $(b, f(b))$ を通る．d を $f(a)$ と $f(b)$ の間の数とすれば，関数は連続であるから，$f(c) = d$ を満たす点 c が少なくとも 1 つ a と b の間に存在する（**中間値の定理**）．このことは図を描いてみればすぐに確かめることができる．特に，$f(a)$ と $f(b)$ が異符号の場合には，$d = 0$ とすれば $f(c) = 0$ を満たす点，すなわち根が少なくとも 1 つ a と b の間に存在することになる（図 2.1 参照）．**2分法**はこのことを利用する．

まず，$f(a)$ と $f(b)$ が異符号であるような 2 点，いいかえれば

$$f(a)f(b) < 0$$

を満足する 2 点 a, b を試行により求める．2分法ではこの 2 点があらかじめ求まっていることが前提になる．このとき解は a と b の間にあるから，この解と a または b との差（誤差）は最大限

$$h = |b - a|$$

である．いま c として，a, b の中点

$$c = \frac{a + b}{2}$$

を選ぶと，$f(a)$ と $f(b)$ が異符号であるため，次式のどちらか一方が必ず成り立つ．

$$f(a)f(c) < 0 \quad \text{あるいは} \quad f(c)f(b) < 0$$

唯一の例外は不等号ではなく等号になる場合であるが，そのときは c が正確な解である．そこで上式において前者が成り立つ場合には c を新たに b とみなし，逆に後者が成り立つ場合には c を新たに a とみなす（図 2.1）．そうすれば解が含まれている区間は

$$\left| c - a \right| = \left| \frac{a + b}{2} - a \right| = \frac{h}{2} \quad \text{または} \quad |b - c| = \left| b - \frac{a + b}{2} \right| = \frac{h}{2}$$

というように半分に狭まる．同様にこの手続きを合計 n 回繰り返せば誤差は $h/2^n$ となるため，n を十分大きくとればコンピュータの誤差の範囲で根が求まることになる．

2.1 2分法

まとめれば，2分法のアルゴリズムは以下のようになる．

> **2分法のアルゴリズム**
> 1. $f(a)f(b) < 0$ となるような a, b をみつける．ϵ に小さな正数を代入する．
> 2. $|b - a| < \epsilon$ ならば終了（a または b が根）
> 3. $c = (a + b)/2$ として $s = f(a)f(c)$ を計算する．
> 4. $s < 0$ ならば b を c で置き換え，$s > 0$ ならば a を c で置き換えて **2.** に戻る．

2分法の長所として，始めに $f(a)f(b) < 0$ をみたす a, b が見つかれば，必ず1つの根が求まることがあげられる．短所としては，根を含む区間が1回の手続きで半分に狭まるだけなので根を得るためには多くの反復が必要なこと，また a と b の間に複数の根がある場合に，どの根が得られるかが不明であるなどの点があげられる．

例1 2分法の例

$f(x) = \cos x - x^2 = 0$ を $a = 0, b = 1$ からはじめたときの a, b, c の値を表 2.1 に示す．

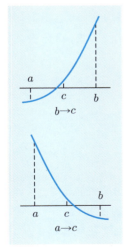

図 2.1 2分法

表 2.1 2分法

	a	b	c
1	0.00000000	1.00000000	0.00000000
2	0.50000000	1.00000000	0.50000000
3	0.75000000	1.00000000	0.75000000
4	0.75000000	0.87500000	0.87500000
5	0.81250000	0.87500000	0.81250000
6	0.81250000	0.84375000	0.84375000
7	0.81250000	0.82812500	0.82812500
8	0.82031250	0.82812500	0.82031250
9	0.82031250	0.82421875	0.82421875
10	0.82226562	0.82421875	0.82226562
11	0.82324219	0.82421875	0.82324219
	⋮		
24	0.82413220	0.82413232	0.82413232
25	0.82413226	0.82413232	0.82413226
26	0.82413229	0.82413232	0.82413229
27	0.82413231	0.82413232	0.82413231

14　　　第 2 章　非線形方程式その 1

2.2　2 分法の変形

　2 分法の変形として図 2.2 に示すように，新しい解の候補 c を中点にするのではなく，2 点 $(a, f(a))$，$(b, f(b))$ を結ぶ直線と x 軸との交点にする方法（はさみうち法）もある．このとき，2 点を通る直線は

$$y - f(a) = \frac{f(b) - f(a)}{b - a}(x - a)$$

であるから，この式の左辺の y に 0，右辺の x に c を代入して

$$c = \frac{af(b) - bf(a)}{f(b) - f(a)} \tag{2.1}$$

が得られる．根を得るための手順は 2 分法とほとんど同じで，単に 2.1 節の 2 分法のアルゴリズム 3. において中点 c の計算を式 (2.1) で置き換えればよい．なお，2 分法とはさみうち法のどちらが収束が速いかは方程式の形によるが，ふつうはあまり差がない．はさみうち法で収束が悪い例を図 2.3 に示す．

　2 分法を拡張すると次の連立 2 元の方程式の実数解も原理的には求まる．

$$f_1(x, y) = 0, \quad f_2(x, y) = 0 \tag{2.2}$$

ここで，$f_1(x, y) = 0$ は，$f_1(x, y)$ が $y = g(x)$ という形に書き換えられる場合など，特定の $x\,(= x_a)$ を与えたとき，この式を満たす y が簡単に求まるものとする．そうでない場合は，y に対する方程式 $f_1(x_a, y) = 0$ を，2 分法などを用いて解く必要がある．

　具体的なアルゴリズムを以下に示す（図 2.4 参照）．

---

2 変数の 2 分法のアルゴリズム

1. 2 つの異なる実数 x_a，x_b を与えて，$f_1(x_a, y_a) = 0$，$f_1(x_b, y_b) = 0$ を満足する y_a，y_b を求める．このとき

$$f_2(x_a, y_a)f_2(x_b, y_b) < 0$$

が成り立てば，これらを出発値とする†．また ε に小さな正数を代入する．

2. $|x_b - x_a| < \varepsilon$ ならば終了（x_a，y_a または x_b，y_b が根）．

3. $x_c = (x_a + x_b)/2$ として，$f_1(x_c, y_c) = 0$ を満たす y_c を求める．

4. $f_2(x_a, y_a)f_2(x_c, y_c) < 0$ ならば x_b，y_b を x_c，y_c で置き換え，$f_2(x_a, y_a)f_2(x_c, y_c) > 0$ ならば x_a，y_a を x_c，y_c で置き換えて **2.** に戻る．

なお，この方法は $f(x) = 0$ の複素根を求める場合にも応用できる．すなわち複素根を $\alpha + i\beta$ として $f(x) = 0$ に代入し，実部と虚部に分ける．このとき
$$f(\alpha + i\beta) = f_1(\alpha, \beta) + i f_2(\alpha, \beta) = 0 \tag{2.3}$$
になったとすれば，方程式 $f(x) = 0$ を解くことは $f_1 = 0$, $f_2 = 0$ を解くことに帰着される．

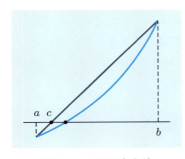

図 2.2　はさみうち法

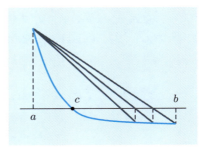

図 2.3　はさみうち法が適さない例

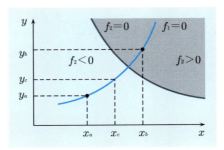

図 2.4　2 変数の 2 分法

---

†この操作は 2 分法における出発値を決める操作と同じで試行により x_a, x_b を決める必要があるが，ここで述べる方法が使えるための前提条件としてそのような数が見つかったものとする．

16　　　　　　　第 2 章　非線形方程式その 1

2.3　ニュートン法の原理

　ニュートン法とは図 2.5 に示すように関数 $y = f(x)$ と x 軸との交点を求める場合に接線を利用する方法である．すなわち，x_n を第 n 番目の根の近似値としたとき，対応する曲線上の点 $(x_n, f(x_n))$ において曲線の接線を引き，x 軸との交点を $n + 1$ 番目の近似値 x_{n+1} とする．この手続きを繰り返せば，図に示すように点列 x_n は真の値に近づくと考えられる．このことを式で表すためには，次のように x_n における接線の傾きを 2 通りに表現して等置する．

$$f'(x_n) = \frac{f(x_n) - 0}{x_n - x_{n+1}}$$

そして，この式を x_{n+1} について解けば

$$x_{n+1} = x_n - \frac{f(x_n)}{f'(x_n)} \tag{2.4}$$

を得る．ニュートン法のアルゴリズムは，以下のようになる．

> ニュートン法のアルゴリズム
>
> **1.** 出発値（初期値）x_0 を適当に決める．$n = 0$ とする．
> **2.** 式 (2.4) の漸化式を用いて x_n から x_{n+1} を計算する．
> **3.** $|x_{n+1} - x_n|/|x_n| < \varepsilon$ が満たされれば終了．満たされなければ n を 1 増やして **2.** に戻る．

例1　$f(x) = \cos x - x^2 = 0$ の根の近似値

　$f'(x) = -\sin x - 2x$ より，ニュートン法の反復式は $x_{n+1} = x_n + (\cos x_n - x_n^2)/(2x_n + \sin x_n)$ となる．$x_0 = 1$ から始めたときの値を表 2.2 に示すが，表 2.1 と比較すると 2 分法より収束が速いことがわかる．　　　　　　　□

例2　$f(x) = x^2 - x - 1 = 0$ の根の近似値

　$f'(x) = 2x - 1$ であるから，式 (2.4) は

$$x_{n+1} = x_n - \frac{x_n^2 - x_n - 1}{2x_n - 1} = \frac{x_n^2 + 1}{2x_n - 1}$$

となる．これは 1.2 節で取り上げた漸化式である．そこでは $x_0 = 1$ からはじめて収束を調べたが，収束の速い方法であった．実際，厳密解を α とすれば，

$\alpha^2 - \alpha - 1 = 0$ であるから，上の漸化式は

$$x_{n+1} - \alpha = \frac{x_n^2 + 1 + (\alpha^2 - \alpha - 1)}{2x_n - 1} - \alpha = \frac{(x_n - \alpha)^2}{2x_n - 1}$$

すなわち

$$(x_{n+1} - \alpha)/(x_n - \alpha)^2 = 1/(2x_n - 1)$$

と書き換えられる．x_n が正解に近づくと右辺は定数に近くなるため，この式は $n+1$ 回目の誤差が n 回目の誤差の 2 乗に比例する（**2 次の収束**）ことを示している．このことは，たとえば n 回目の誤差が $1/100$ なら $n+1$ 回目の誤差が $(1/100)^2$ 程度になることを示しているため，収束が速いことがわかる． □

例3 $f(x) = x^3 + x^2 - 5x + 3 = 0$ の根の近似値

$f'(x) = 3x^2 + 2x - 5$ であるから，ニュートン法の反復式は

$$x_{n+1} = x_n - \frac{x_n^3 + x_n^2 - 5x_n + 3}{3x_n^2 + 2x_n - 5} = \frac{2x_n^3 + x_n^2 - 3}{3x_n^2 + 2x_n - 5}$$

となる．この漸化式を用いて $x_0 = 0$ からはじめた計算結果を表 2.3 に示すが，収束はあまりよくない．実は $x = 1$ はもとの方程式の重根になっており，その場合には 3.1 節に示すようにニュートン法の収束は遅くなる． □

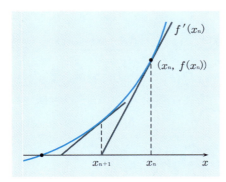

図 2.5 ニュートン法

表 2.2 ニュートン法（単根）

1	1.0000000000
2	0.8382184099
3	0.8242418682
4	0.8241323191

表 2.3 ニュートン法（重根）

1	0.0000000000
2	0.6000000000
3	0.8117647059
4	0.9082650782
5	0.9546772329
6	0.9774692208
7	0.9887666080
8	0.9943912242
9	0.9971975824
10	0.9985992826
11	0.9992997640
⋮	⋮
23	0.9999998288
24	0.9999999148
25	0.9999999578
26	0.9999999801

2.4 ニュートン法の特徴

ニュートン法は，前節で述べたように，重根など特殊な場合を除いて収束が速いという長所がある．さらに，3章で述べるように複素根も求まることや2変数以上の方程式にも拡張が容易であることなど数々の利点をもっている．しかし，2分法と同様に複数の根がある場合，どの根に収束するかが分からないことや，2分法とは異なり，出発値が適当でなければ関数の形によっては根が得られない可能性があるという欠点がある．図2.6 にニュートン法が適さない例を示しておく．したがって，2分法で根のおよその検討をつけてから収束の速いニュートンを用いるというのが現実的な方法として推奨される．

ニュートン法のもうひとつの欠点は，ニュートン法では接線の傾きを使うため微分を計算する必要があることがあげられる．方程式が微分しにくい関数である場合や，関数のデータが離散的にしか分からないような場合には適用が困難になる．このようなときには，以下に述べる**割線法（セカント法）**が利用できる．この方法は，図2.7 に示すように，曲線上のある点 $(x_n, f(x_n))$ における接線の傾きが，その点とその近くの曲線上の点 $(x_{n-1}, f(x_{n-1}))$ を結ぶ直線の傾きによって近似できることを利用する．すなわち，$h = x_n - x_{n-1}$ が十分に小さければ

$$f'(x_n) = \lim_{h \to 0} \frac{f(x_n) - f(x_{n-1})}{h} \fallingdotseq \frac{f(x_n) - f(x_{n-1})}{x_n - x_{n-1}} \tag{2.5}$$

と近似できる．そこで，曲線上の点 $(x_n, f(x_n))$ における接線の傾きを，その点と1回前の反復値 $(x_{n-1}, f(x_{n-1}))$ を通る直線の傾きで近似すれば，ニュートン法の漸化式 (2.4) は

$$x_{n+1} = x_n - \frac{x_n - x_{n-1}}{f(x_n) - f(x_{n-1})} f(x_n) \tag{2.6}$$

と修正される．

割線法では微分を計算する必要がないが，ニュートン法に比べて収束が遅いという欠点がある．また出発値も2つ必要になる．

2.4 ニュートン法の特徴

例1 割線法による $f(x) = \cos x - x^2 = 0$ の根の近似

$$x_{n+1} = x_n - \frac{(x_n - x_{n-1})(\cos x_n - x_n^2)}{\cos x_n - x_n^2 - \cos x_{n-1} + x_{n-1}^2}$$

に対して，初期値 $x_{-1} = 0$, $x_0 = 0.5$ の場合の計算結果を表 2.4 に示す．2 分法よりは収束は速いが，ニュートン法よりは収束が遅いことがわかる． □

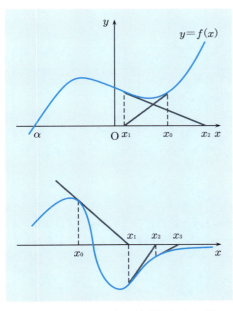

図 2.6 ニュートン法が適さない例

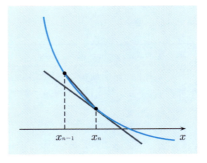

図 2.7 割線法

表 2.4 割線法

	x_{n-1}	x_n
1	0.5000000000	1.3425794521
2	1.3425794521	0.7399371531
3	0.7399371531	0.8050693849
4	0.8050693849	0.8250998096
5	0.8250998096	0.8241218170
6	0.8241218170	0.8241323066
7	0.8241323066	0.8241323123

20　　第 2 章　非線形方程式その 1

第 2 章の章末問題

問 1　$\sqrt{x} + 1 = x^2 - x$ の根を 2 分法で求めよ.

問 2　$y = x^2$ と $x^2 - xy + y^2 = 2$ の交点の座標をニュートン法で求めよ.

問 3　$x^2 + ax + b = 0$（実根をもつとする）に対してニュートン法を用いたとき, 2.3 節の例 2 と同じようにして重根でない場合には 2 次の収束であることを示せ. また重根の場合にはどうなるか.

コラム　ニュートン法

　ニュートン法を簡単な方程式に適用すると種々のおもしろい近似式が得られる. まず $f(x) = x^m - a = 0$（m：整数）の場合に適用すると

$$x_{n+1} = x_n - \frac{x_n^m - a}{m x_n^{m-1}} = \left(1 - \frac{1}{m}\right) x_n + \frac{a}{m x_n^{m-1}}$$

となる. ここで, たとえば $m = 2$ とすれば, もとの方程式のひとつの解は $\sqrt{a}$ である. 一方, $m = 2$ のとき反復式は

$$x_{n+1} = \frac{1}{2}\left(x_n + \frac{a}{x_n}\right)$$

となる. したがって, この式は $\sqrt{a}$ を求める反復式になる. しかも, 式に割り算しかないため, 結果を分数で表すことができる. たとえば, $\sqrt{2}$ を $x_0 = 1$ として順に求めれば

$$x_1 = \frac{1}{2}(1 + 2) = \frac{3}{2}, \quad x_2 = \frac{1}{2}\left(\frac{3}{2} + \frac{2}{3/2}\right) = \frac{17}{12}, \quad x_3 = \frac{577}{408}, \quad \cdots$$

となる. 同様に, $\sqrt{3}$ を求めるために $a = 3$, $x_0 = 2$ とすれば

$$x_1 = \frac{1}{2}\left(2 + \frac{3}{2}\right) = \frac{7}{4}, \quad x_2 = \frac{97}{56}, \quad x_3 = \frac{18817}{10864}, \quad \cdots$$

となる. $\sqrt{2}$ と $\sqrt{3}$ に対し, x_3 を小数で表せば $1.4142156\cdots$, $1.7320508\cdots$ となる. 同じようにすれば 3 乗根や 4 乗根などを分数で近似する式が得られる.

　次に $f(x) = 1/x - a$ にニュートン法を適用すると

$$x_{n+1} = x_n - \frac{1/x_n - a}{(-1/x_n^2)} = x_n(2 - a x_n)$$

となる. もとの式の解は $1/a$ であるから, 上式は逆数（すなわち割り算）が乗算だけで近似計算できることを示している.

第3章
非線形方程式その2

2章では，基本的には $f(x) = 0$ の根が，$y = f(x)$ と $y = 0$ のグラフの交点であることを利用して根の近似値を求めた．しかし，このように考えると複素数の根は 2.2 節で示した 2 変数の 2 分法のように余程工夫しないと求まらないように見える．一方，ニュートン法では出発値を複素数にとると複素根が求まる．本章ではまずニュートン法を別の視点から見直すことでこのことの理由を述べる．次に同じ考え方を利用すると，ニュートン法は連立の非線形方程式にも容易に拡張されることを示す．最後に，適用は代数方程式に限られるが，すべての根を求めることのできる方法を紹介する．

●本章の内容●
テイラー展開とニュートン法
連立非線形方程式
代数方程式（1）
代数方程式（2）

22　　　　　　　　第 3 章　非線形方程式その 2

3.1　テイラー展開とニュートン法

本節では方程式

$$f(x) = 0 \tag{3.1}$$

の根を求めるニュートン法を，2 章とは別の見方で見直してみよう．関数 $f(x)$ を近似解 x_n のまわりに**テイラー展開**すれば，

$$f(x) = f(x_n) + f'(x_n)(x - x_n) + \frac{1}{2}f''(x_n)(x - x_n)^2 + \cdots \tag{3.2}$$

となる．式 (3.1) の根を求めるかわりに，式 (3.2) の左辺を 0 とした方程式の根を求めることを考える．しかし，この方程式は無限次数の多項式となり解くことはできない．一方，x_n は近似解であるから，$x - x_n$ は小さいと考えられる．そこで右辺の第 3 項以下を 0 とした方程式

$$0 = f(x_n) + f'(x_n)(x - x_n) \tag{3.3}$$

の解を求めてみよう（ただし，$f'(x_n) \neq 0$ とする）．もちろん，この方程式の解は式 (3.1) の真の解ではないが，それとは十分に近いと考えられる．そこで式 (3.3) を x について解いて，それを新たな近似解という意味で x_{n+1} と記すことにする．このとき，式 (3.3) から

$$x_{n+1} = x_n - \frac{f(x_n)}{f'(x_n)} \tag{3.4}$$

が得られる．式 (3.4) はニュートン法の公式に他ならない．

この説明では関数 $f(x)$ がテイラー展開できることを仮定しただけであり，2.3 節で述べたように根が x 軸との交点であるなどという幾何学的な性質は用いていない．一方，関数論の結果から**正則関数**はテイラー展開できるため，式 (3.4) の x を複素数とみなした場合，式 (3.4) は複素数の根を求める公式としても使えることがわかる．

さらにテイラー展開を用いれば以下に示すようにニュートン法が一般に収束の速い方法であることもわかる．いま，式 (3.1) の真の解を α とすれば，$f(\alpha) = 0$ である．したがって $n + 1$ 回での誤差は

$$x_{n+1} - \alpha = \left(x_n - \frac{f(x_n)}{f'(x_n)}\right) - \alpha = x_n - \alpha - \frac{f(x_n) - f(\alpha)}{f'(x_n)} \tag{3.5}$$

3.1 テイラー展開とニュートン法

と書くことができる．一方，式 (3.2) の x に α を代入すれば

$$f(\alpha) = f(x_n) + f'(x_n)(\alpha - x_n) + \frac{1}{2}f''(x_n)(\alpha - x_n)^2 + \cdots$$

となるため，これを式 (3.5) の $f(\alpha)$ に代入して

$$x_{n+1} - \alpha = \frac{1}{2}(\alpha - x_n)^2 \frac{f''(x_n)}{f'(x_n)} + O((\alpha - x_n)^3)$$

が得られる．この式から

$$\left| \frac{x_{n+1} - \alpha}{(x_n - \alpha)^2} \right| \fallingdotseq \frac{1}{2}\left| \frac{f''(x_n)}{f'(x_n)} \right| \to \frac{1}{2}\left| \frac{f''(\alpha)}{f'(\alpha)} \right| = \text{一定値} \tag{3.6}$$

となることがわかるが，これは反復のある時点における誤差の 2 乗と 1 回あとの反復値の誤差の比がほぼ一定値であること，いいかえれば反復が 1 回すすむごとに 2 乗の割合で誤差が小さくなること（2 次の収束）を意味している．なお，このことは 2.3 節で特殊な場合についてすでに述べた事実である．

次にニュートン法の**精度**（あるいは収束の速さ）をさらに上げることを考える．それにはテイラー展開の式 (3.2) においてより高次の項まで残せばよい．例えば 2 次の項まで残せば

$$f(x) \fallingdotseq f(x_n) + (x - x_n)\left(f'(x_n) + \frac{1}{2}f''(x_n)(x - x_n) \right)$$

となる．この式の左辺を 0 とおいて変形すれば

$$x \fallingdotseq x_n - \frac{f(x_n)}{f'(x_n) + \frac{1}{2}f''(x_n)(x - x_n)}$$

となるが，右辺の分母の $x - x_n$ を式 (3.3) から得られる $-f(x_n)/f'(x_n)$ でおきかえた式を近似に用い，そのときの左辺を x_{n+1} とすれば

$$x_{n+1} = x_n - \frac{f(x_n)}{f'(x_n) - f(x_n)f''(x_n)/2f'(x_n)} \tag{3.7}$$

という式が得られる．出発値 x_0 からはじめて順次この式を用いて近似解を求めていく方法を**ベイリー法**とよぶ．ベイリー法はニュートン法より収束が速いと考えられるが，f' のみならず f'' の計算も必要になる．

3.2 連立非線形方程式

ニュートン法は未知数が2つ以上の連立方程式にも適用できる. 例として次の2元の連立方程式

$$f(x, y) = 0, \quad g(x, y) = 0 \tag{3.8}$$

を考える. 1変数の場合と同様に2変数の場合も **2変数のテイラー展開**

$$
\begin{aligned}
f(x, y) =\ & f(x_n, y_n) + (x - x_n)f_x(x_n, y_n) + (y - y_n)f_y(x_n, y_n) \\
& + \frac{1}{2}(x - x_n)^2 f_{xx}(x_n, y_n) + (x - x_n)(y - y_n)f_{xy}(x_n, y_n) \\
& + \frac{1}{2}(y - y_n)^2 f_{yy}(x_n, y_n) + \cdots \\
g(x, y) =\ & g(x_n, y_n) + (x - x_n)g_x(x_n, y_n) + (y - y_n)g_y(x_n, y_n) \\
& + \frac{1}{2}(x - x_n)^2 g_{xx}(x_n, y_n) + (x - x_n)(y - y_n)g_{xy}(x_n, y_n) \\
& + \frac{1}{2}(y - y_n)^2 g_{yy}(x_n, y_n) + \cdots
\end{aligned}
\tag{3.9}
$$

を利用する. ただし

$$f_x = \frac{\partial f}{\partial x}, \quad f_y = \frac{\partial f}{\partial y}, \quad f_{xx} = \frac{\partial^2 f}{\partial x^2}, \quad f_{xy} = \frac{\partial^2 f}{\partial x \partial y}, \cdots$$

などである. 式 (3.9) において x, y を連立方程式の厳密解, x_n, y_n を近似解とした場合, $x - x_n$ や $y - y_n$ の2次以上の項は十分に小さいと考えられる. そこでそれらの項を無視した上で左辺を0とした方程式

$$0 = f(x_n, y_n) + (x - x_n)f_x(x_n, y_n) + (y - y_n)f_y(x_n, y_n)$$

$$0 = g(x_n, y_n) + (x - x_n)g_x(x_n, y_n) + (y - y_n)g_y(x_n, y_n)$$

を考えると, この方程式の解は x_n, y_n より近似がよくなっていると考えられる. いまその解を x_{n+1}, y_{n+1} とおき, さらに

$$\Delta x = x_{n+1} - x_n, \quad \Delta y = y_{n+1} - y_n \tag{3.10}$$

とおけば上の連立方程式は $\Delta x, \Delta y$ に関する連立1次方程式

$$
\begin{aligned}
f_x(x_n, y_n)\Delta x + f_y(x_n, y_n)\Delta y &= -f(x_n, y_n) \\
g_x(x_n, y_n)\Delta x + g_y(x_n, y_n)\Delta y &= -g(x_n, y_n)
\end{aligned}
\tag{3.11}
$$

3.2 連立非線形方程式

になる．これを解いて Δx, Δy が求まれば式 (3.10) から次の近似値 x_{n+1}, y_{n+1} を求めることができる．

まとめれば連立方程式 (3.8) は次のアルゴリズムにより解くことができる．

> **2 変数のニュートン法のアルゴリズム**
> 1. 出発値 x_0, y_0 を決める．$n = 0$ とする．
> 2. 連立 1 次方程式 (3.11) を解いて Δx, Δy を求める．
> 3. $x_{n+1} = x_n + \Delta x$, $y_{n+1} = y_n + \Delta y$ を計算して収束するまで **2.** に戻る．

収束の判定は相対誤差を計算したり，実際に近似解をもとの方程式 (3.8) に代入して十分に 0 に近いかどうかで調べることができる．

なお，本節で述べた方法は 3 元以上の連立非線形方程式にも容易に拡張できる．

例 1 $x^2 + y^2 = 1$, $y = \sin x$ （図 3.1）のニュートン法による根

$f(x, y) = x^2 + y^2 - 1 = 0$, $g(x, y) = y - \sin x = 0$ として，式 (3.11) を適用すれば Δx, Δy を求める方程式は

$$(2x_n)\Delta x + (2y_n)\Delta y = -x_n^2 - y_n^2 + 1$$

$$(-\cos x_n)\Delta x + \Delta y = -y_n + \sin x_n$$

となる．この 2 元連立方程式を解くと

$$x_{n+1} = x_n + \frac{-x_n^2 + y_n^2 - 2y_n \sin x_n + 1}{2x_n + 2y_n \cos x_n}$$

$$y_{n+1} = y_n + \frac{-2x_n y_n + 2x_n \sin x_n - x_n^2 \cos x_n - y_n^2 \cos x_n + \cos x_n}{2x_n + 2y_n \cos x_n}$$

となる．初期値 (1,0) から始めると表 3.1 のように解が求まる． □

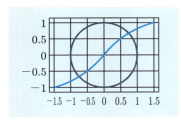

図 3.1　例 1 の図

表 3.1　ニュートン法（連立方程式）

	x	y
0	1.0000000000	0.0000000000
1	1.0000000000	0.8414709848
2	0.7566170403	0.7099706105
3	0.7396666658	0.6741397407
4	0.7390853203	0.6736122813
5	0.7390851332	0.6736120292
6	0.7390851332	0.6736120292

26　　　　　　　　第 3 章　非線形方程式その 2

3.3　代数方程式（1）

　今まで述べてきた方法は，方程式の根が多数あった場合にどれかひとつの根を求める方法であった．本節と次節では，方程式としては代数方程式（多項式）に適用が限られるが，複素根も含めてすべての根を求めることができる**ベアストウ法**を紹介する．この方法は多項式を近似的に 2 次式または 1 次式の積の形に表す（因数分解する）方法である．

　いま n 次方程式を

$$f(x) = a_0 x^n + a_1 x^{n-1} + \cdots + a_{n-1}x + a_n = 0 \quad (a_0 \neq 0,\, n \geq 2) \quad (3.12)$$

とする．上式を 2 次式 $x^2 - ux - v$ で割り算すると，一般に 1 次式の剰余が出る．このことを式で書けば

$$f(x) = (x^2 - ux - v)(b_0 x^{n-2} + b_1 x^{n-3} + \cdots + b_{n-2}) + b_{n-1}(x-u) + b_n \quad (3.13)$$

となる．ただし，剰余項は後の便宜のため上のような形になっているが，このようにしても一般性は失わない．ベアストウ法では，剰余項が 0 になるように 2 次式の係数 u, v を数値的に決める．このようなアルゴリズムがあれば，商の部分に同じアルゴリズムを順次適用することにより，次々に 2 次式で因数分解できることになる．そして最終的に商が 2 次式または 1 次式になるまで続ける．各 2 次式の根は根の公式で求まるため，結局すべての根が求まることになる．

　実際に式 (3.13) を展開して式 (3.12) と比較してみよう．このとき

$$\begin{aligned}
f(x) =\ & b_0 x^n + b_1 x^{n-1} + b_2\, x^{n-2} + \cdots + b_{n-2}\, x^2 + b_{n-1}\, x + b_n - u b_{n-1} \\
& - u b_0\, x^{n-1} - u b_1 x^{n-2} - \cdots - u b_{n-3} x^2 - u b_{n-2} x \\
& \qquad - v b_0\, x^{n-2} - \cdots - v b_{n-4} x^2 - v b_{n-3} x - v b_{n-2} \\
=\ & a_0 x^n + a_1 x^{n-1} + a_2\, x^{n-2} + \cdots + a_{n-2}\, x^2 + a_{n-1}\, x + a_n
\end{aligned}$$

であるから，x の同じベキの項の係数を等しくおけば，

$$a_0 = b_0$$

$$a_1 = b_1 - u b_0$$

$$a_2 = b_2 - u b_1 - v b_0$$

$$\cdots$$

$$a_{n-2} = b_{n-2} - ub_{n-3} - vb_{n-4}$$

$$a_{n-1} = b_{n-1} - ub_{n-2} - vb_{n-3}$$

$$a_n = b_n - ub_{n-1} - vb_{n-2}$$

となる．この式から b_k に関する漸化式

$$b_0 = a_0$$

$$b_1 = a_1 + ub_0 \tag{3.14}$$

$$b_k = a_k + ub_{k-1} + vb_{k-2} \quad (k = 2, 3, \cdots, n)$$

が得られる．

この式からもわかるように，剰余項に現れる係数 b_{n-1}, b_n は u, v の関数であるため，それらが 0 であるという条件は

$$b_{n-1}(u, v) = 0$$
$$b_n(u, v) = 0 \tag{3.15}$$

と表すことができる．

いま仮にこれらの関数形がわかったものとすると，これらの方程式を解いて u, v が数値で求まる．この方程式は前節で述べた 2 変数のニュートン法で解くことができる．具体的には以下のようにすればよい．

(1) u, v の出発値 $\overline{u}$, $\overline{v}$ を決める．

(2) 次式を解いて Δu, Δv を求める．

$$\frac{\partial b_{n-1}}{\partial u}\Delta u + \frac{\partial b_{n-1}}{\partial v}\Delta v = -b_{n-1}$$
$$\frac{\partial b_n}{\partial u}\Delta u + \frac{\partial b_n}{\partial v}\Delta v = -b_n \tag{3.16}$$

(3) $u = \overline{u} + \Delta u$, $u = \overline{v} + \Delta v$ より u, v を修正して (2) に戻る．

このようにして求まった u, v を用いれば $f(x)$ は $x^2 - ux - v$ で近似的に割り切れる．

3.4 代数方程式（2）

前節の Δu, Δv に対する連立 1 次方程式 (3.16) を解くためには係数にあたる $\partial b_{n-1}/\partial u$, $\partial b_{n-1}/\partial v$, $\partial b_n/\partial u$, $\partial b_n/\partial v$ の数値が求まればよい．そこで以下にこれらの数値の求め方を示す．

いま $c_k = \partial b_{k+1}/\partial u$ とおく．このとき式 (3.14) から

$$c_0 = \frac{\partial b_1}{\partial u} = b_0$$

$$c_1 = \frac{\partial b_2}{\partial u} = b_1 + u\frac{\partial b_1}{\partial u} = b_1 + uc_0$$

$$c_k = \frac{\partial b_{k+1}}{\partial u} = b_k + u\frac{\partial b_k}{\partial u} + v\frac{\partial b_{k-1}}{\partial u} = b_k + uc_{k-1} + vc_{k-2}$$

$$(k = 2, 3, \cdots, n-1)$$

(3.17)

となる．したがって，この漸化式から c_k の数値が順に定まる．

次に v に関する微分については $d_k = \partial b_{k+2}/\partial v$ とおく．このとき式 (3.14) から

$$d_0 = \frac{\partial b_2}{\partial v} = b_0$$

$$d_1 = \frac{\partial b_3}{\partial v} = u\frac{\partial b_2}{\partial v} + b_1 = b_1 + ud_0$$

$$d_k = \frac{\partial b_{k+2}}{\partial v} = u\frac{\partial b_{k+1}}{\partial v} + b_k + v\frac{\partial b_k}{\partial v} = b_k + ud_{k-1} + vd_{k-2}$$

$$(k = 2, 3, \cdots, n-2)$$

(3.18)

となる．この式から d_k が計算できるが，実は式 (3.17) と式 (3.18) を比較すると

$$d_k = c_k \quad (k = 0, 1, \cdots, n-2)$$

であることがわかるため，d_k を計算する必要はない．このことから式 (3.16) は

$$c_{n-2}\Delta u + c_{n-3}\Delta v = -b_{n-1}$$

$$c_{n-1}\Delta u + c_{n-2}\Delta v = -b_n$$

(3.19)

となる．

3.4 代数方程式 (2)

　以上をまとめると，式 (3.13) において剰余項が消えるような u, v の数値を求めることにより代数方程式を解くベアストウ法のアルゴリズムは次のようになる．

ベアストウ法のアルゴリズム

1. $a_0 x^n + a_1 x^{n-1} + \cdots + a_{n-1}x + a_n = 0$ の係数と 2 次因子 $x^2 - ux - v$ の係数 u, v の近似値 $\overline{u}$, $\overline{v}$ を用いて b_k を次の漸化式から計算する．

$$b_{-2} = b_{-1} = 0$$

$$b_k = a_k + \overline{u}b_{k-1} + \overline{v}b_{k-2} \quad (k = 0, 1, \cdots, n)$$

2. さらにこの b_k を用いて，次の漸化式から c_k を計算する．

$$c_{-2} = c_{-1} = 0$$

$$c_k = b_k + \overline{u}c_{k-1} + \overline{v}c_{k-2} \quad (k = 1, 2, \cdots, n-1)$$

3. 求まった b_{n-1}, b_n, c_{n-3}, c_{n-2}, c_{n-1} を用いて

$$c_{n-2}\Delta u + c_{n-3}\Delta v = -b_{n-1}$$

$$c_{n-1}\Delta u + c_{n-2}\Delta v = -b_n$$

を解いて Δu と Δv を求めて，次式から u と v を求める．

$$u = \overline{u} + \Delta u, \quad v = \overline{v} + \Delta v$$

4. $|u - \overline{u}| < \epsilon$, $|v - \overline{v}| < \epsilon$ が満足されなければ $u = \overline{u}$, $v = \overline{v}$ として **1.** に戻る．

5. 収束すれば $x^2 - ux - v = 0$ を解き，2 根を求める．

6. n を 2 減らして，その結果 $n = 1$ ならば $b_0 x + b_1 = 0$ を解き，$n = 2$ ならば $b_0 x^2 + b_1 x + b_2 = 0$ を解く．また $n > 2$ ならば $k = 0, 1, \cdots, n-2$ に対し $a_k = b_k$ とおき，**1.** に戻る．

30 第 3 章　非線形方程式その 2

第 3 章の章末問題

問 1　以下のどれかの条件が成り立つときニュートン法は収束することを示せ。ただし、α を $f(x) = 0$ の根、x_0 を出発値とする。

$$f(a) < 0, \quad f(b) > 0, \quad f''(x) > 0 \quad (a \leq x \leq b), \quad (\alpha < x_0 \leq b)$$
$$f(a) < 0, \quad f(b) > 0, \quad f''(x) < 0 \quad (a \leq x \leq b), \quad (a \leq x_0 < \alpha)$$
$$f(a) > 0, \quad f(b) < 0, \quad f''(x) > 0 \quad (a \leq x \leq b), \quad (a \leq x_0 < \alpha)$$
$$f(a) > 0, \quad f(b) < 0, \quad f''(x) < 0 \quad (a \leq x \leq b), \quad (\alpha < x_0 \leq b)$$

問 2　2 次方程式 $x^2 + 2x + 2 = 0$ の根を $x_0 = 1 + i$ を出発値としてニュートン法で求めよ。

問 3　次の 3 元の連立非線形方程式にニュートン法を適用せよ。

$$f(x, y, z) = 0, \quad g(x, y, z) = 0, \quad h(x, y, z) = 0$$

コラム　代数方程式の解

　中学校ではまず 1 次方程式 $ax + b = 0$ の解き方を習い、そのあと 2 次方程式 $ax^2 + bx + c = 0$ の解き方を習う。これらの方程式には根の公式があり、もちろんそれらは、それぞれ $x = -b/a$, $x = (-b \pm \sqrt{b^2 - 4ac})/2a$ である。これらは古くアラビアでも知られていた。中学校で習うのはここまでであるが、実は 3 次方程式と 4 次方程式にも根の公式とよべるものがあり、それぞれカルダーノの公式とフェラーリの公式とよばれている。ただし、これらの公式が発見されたのは中世になってからである。

　さて、4 次まで根の公式があるのなら 5 次以上も求めたくなるのは当然であり、実際多くの数学者が試みたがだれも成功しなかった。一方で、本書でもしばしば出てくる大数学者のガウスは、n 次方程式は n 個の複素数（実数を含む）の根（m 重根の場合は根 m 個と数える）をもつことを関数論を使って証明した。根があるのに求められないというのは少し変な感じを受けるが、結局、大数学者のアーベルが「5 次以上の方程式は代数的に解けない（加減乗除および根号の組み合わせで根の公式を作れない）」ことを証明してこの問題は決着した。

第4章
連立1次方程式その1

　連立1次方程式は中学校でも解法を習うものであり，わざわざコンピュータで解く必要はないと思われるかも知れない．しかし，紙と鉛筆で計算できるのはせいぜい4元1次程度の方程式であり，未知数の数がそれ以上であれば解くことが非常にめんどうになる．
　連立1次方程式の数値解法は，その重要性からもいろいろな方法が考えられている．しかし大きく分ければ，消去法と反復法に大別される．消去法とは，もとの連立1次方程式から未知数を1つ1つ消去して元数の少ない方程式に変形していく方法である．本章では消去法としてすべての消去法の基礎となるガウスの消去法を中心に，その変形である掃き出し法も含めて述べることにする．なお，反復法については6章で議論する．

●本章の内容●
ガウスの消去法（1）
ガウスの消去法（2）
ガウスの消去法（3）
掃き出し法

4.1 ガウスの消去法 (1)

本節では未知数が $x_l, x_{l+1}, \cdots, x_n$ の連立1次方程式を，各係数に上添字をつけて

$$a_{ll}^{(l)}x_l + a_{ll+1}^{(l)}x_{l+1} + \cdots + a_{lk}^{(l)}x_k + \cdots + a_{ln}^{(l)}x_n = b_l^{(l)}$$
$$\vdots$$
$$a_{jl}^{(l)}x_l + a_{jl+1}^{(l)}x_{l+1} + \cdots + a_{jk}^{(l)}x_k + \cdots + a_{jn}^{(l)}x_n = b_j^{(l)} \tag{4.1}$$
$$\vdots$$
$$a_{nl}^{(l)}x_l + a_{nl+1}^{(l)}x_{l+1} + \cdots + a_{nk}^{(l)}x_k + \cdots + a_{nn}^{(l)}x_n = b_n^{(l)}$$

と記すことにする．特に $l=1$ のときは未知数が $x_1, x_2, \cdots, x_n$ の連立 n 元1次方程式になる．**ガウスの消去法**では，この方程式の第1式を用いて第2式以降の式から一番左にある未知数 x_l を消去する．具体的には $a_{jl}^{(l)}$ を含む式（ただし，$j=l+1, l+2, \cdots, n$）に注目し，第1式に $m_{jl} = a_{jl}^{(l)}/a_{ll}^{(l)}$ をかけた式を，この式から引けばよい．ここで第1式を取り除けば，

$$a_{l+1l+1}^{(l+1)}x_{l+1} + \cdots + a_{l+1k}^{(l+1)}x_k + \cdots + a_{l+1n}^{(l+1)}x_n = b_{l+1}^{(l+1)}$$
$$\vdots$$
$$a_{jl+1}^{(l+1)}x_{l+1} + \cdots + a_{jk}^{(l+1)}x_k + \cdots + a_{jn}^{(l+1)}x_n = b_j^{(l+1)} \tag{4.2}$$
$$\vdots$$
$$a_{nl+1}^{(l+1)}x_{l+1} + \cdots + a_{nk}^{(l+1)}x_k + \cdots + a_{nn}^{(l+1)}x_n = b_n^{(l+1)}$$

という $x_{l+1}, \cdots, x_n$ に関する連立方程式になる．ただし，係数が式 (4.1) から変化するため，式 (4.2) では上添字を l から $l+1$ に変化させている．このとき上添字 $l+1$ の係数と上添字 l の係数の間には $j=l+1, \cdots, n$ として

$$a_{jk}^{(l+1)} = a_{jk}^{(l)} - m_{jl}a_{lk}^{(l)} \quad （ここで，k=l+1, \cdots, n） \tag{4.3}$$

$$b_j^{(l+1)} = b_j^{(l)} - m_{jl}b_l^{(l)} \tag{4.4}$$

の関係がある．ただし，前述のとおり $m_{jl} = a_{jl}^{(l)}/a_{ll}^{(l)}$ である．上に述べたことを $l=1$ からはじめて $l=n-1$ まで繰り返し，各段階で取り除いた一番上の式を付け加えれば，図 4.1 に示すように，もとの連立 n 元1次方程式は対角線より下の成分が消去された，**上三角型**とよばれる方程式となる．このようにも

4.1 ガウスの消去法 (1)

との連立 1 次方程式から変数を消去して上三角型の方程式に変形する手続きを**前進消去**という．式 (4.2) などを見てもわかるように，それぞれの消去の段階で係数や方程式の右辺は順に変化する．上添字が (1) ならばもとの係数，上添字が (2) ならば係数が 1 回変化したもの，上添字が (3) ならば 2 回変化したもの，$\cdots$，上添字が (n) ならば $n-1$ 回変化したものを意味している．前進消去のアルゴリズムは式 (4.3)，(4.4) などを参照すれば以下のようになる．

前進消去アルゴリズム

$l = 1, 2, \cdots, n-1$ の順に
　　各 l に対して $j = l+1, \cdots, n$ の順に，以下の計算を行う

$$m_{jl} = a_{jl}^{(l)}/a_{ll}^{(l)}$$
$$a_{jk}^{(l+1)} = a_{jl}^{(l)} - m_{jl}a_{lk}^{(l)} \quad (k = l+1, \cdots, n) \tag{A}$$
$$b_j^{(l+1)} = b_j^{(l)} - m_{jl}b_l^{(l)}$$

例 1 次の連立 1 次方程式を上三角型になおす

$$x - 4y + 3z = -1, \quad x - 5y + 2z = -1, \quad x - y + z = 0$$

紙面を節約するために上の方程式を行列の形 $A\boldsymbol{x} = \boldsymbol{b}$ で表現し，行列 A の右に $\boldsymbol{b}$ を列ベクトルの形で付け加えた行列を A' として，A' に対して前進消去すれば

$$\begin{bmatrix} 1 & -4 & 3 & -1 \\ 1 & -5 & 2 & 2 \\ 1 & -1 & 1 & 0 \end{bmatrix} \to \begin{bmatrix} 1 & -4 & 3 & -1 \\ 0 & -1 & -1 & 3 \\ 0 & 3 & -2 & 1 \end{bmatrix} \to \begin{bmatrix} 1 & -4 & 3 & -1 \\ 0 & -1 & -1 & 3 \\ 0 & 0 & -5 & 10 \end{bmatrix}$$

となる． □

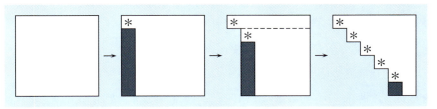

図 4.1　前進消去

34 第 4 章 連立 1 次方程式その 1

4.2 ガウスの消去法（2）

本節では，まず前進消去で得られた上三角型の連立 1 次方程式

$$a_{11}^{(1)}x_1 + a_{12}^{(1)}x_2 + a_{13}^{(1)}x_3 + \cdots + a_{1n-1}^{(1)}x_{n-1} + a_{1n}^{(1)}x_n = b_1^{(1)}$$

$$a_{22}^{(2)}x_1 + a_{23}^{(2)}x_2 + \cdots + a_{2n-1}^{(2)}x_{n-1} + a_{2n}^{(2)}x_n = b_2^{(2)}$$

$$\cdots \tag{4.5}$$

$$a_{n-1n-1}^{(n-1)}x_{n-1} + a_{n-1n}^{(n-1)}x_n = b_{n-1}^{(n-1)}$$

$$a_{nn}^{(n)}x_n = b_n^{(n)}$$

を解くことを考える．実はこの方程式は下から順に簡単に解くことができる．すなわち，いちばん下の式から x_n を求め，次にこれを下から 2 番目の式に代入すれば x_{n-1} が求まる．さらに x_n, x_{n-1} を用いれば下から 3 番目の式を用いて x_{n-2} が求まる．以下同様にして

$$x_n, \ x_{n-1}, \ \cdots, \ x_1$$

の順に解が求まる．このようにして上三角型の方程式を解く手続きを**後退代入**という．後退代入のアルゴリズムは次のようになる：

後退代入のアルゴリズム

$j = n, \, n-1, \cdots, 1$ に対して次式を計算する

$$x_j = \frac{1}{a_{jj}^{(j)}} \left(b_j^{(j)} - \sum_{k=j+1}^{n} a_{jk}^{(j)} x_k \right) \tag{B}$$

ただし，$k > n$ の場合は総和は計算しない．

連立 1 次方程式 (4.1) に前進消去(A)を行い，次に後退代入(B)を行って解を求める方法をガウスの消去法とよんでいる．

例 1 ガウスの消去法の乗除算回数

まず前進消去に対して見積もりを行う．前節のアルゴリズムにおいて j と l を固定した場合，m_{jl} の計算に 1 回，$a_{jk}^{(l+1)}$ の計算に $n - l$ 回，$b_j^{(l+1)}$ の計算に 1 回の合計 $n - l + 2$ 回の乗除算を行なう．次に l だけ固定すれば，この計算を

4.2 ガウスの消去法 (2)

$j = l+1, \cdots, n$ について，すなわち $n-l$ 回行うため，$(n-l+2)(n-l)$ 回の乗除算になる．最終的には $l = 1, 2, \cdots, n-1$ と変化するため

$$\sum_{l=1}^{n-1}(n-l+2)(n-l) \fallingdotseq n^3/3 \ 回$$

となる．次に後退代入では

$$1+2+3+\cdots+n = n(n+1)/2 \fallingdotseq n^2/2 \ 回$$

である．したがって，n が大きい場合はガウスの消去法の乗除算回数はほぼ前進消去だけで決まり，およそ $n^3/3$ 回になる． □

　ガウスの消去法で注意すべき点は，前進消去（A）において $a_{ll}^{(l)}$ で除算をおこなっている点で，もし係数 $a_{ll}^{(l)}$ が 0 になれば計算は続けられなくなる．この $a_{ll}^{(l)}$ のことを**ピボット**とよんでいる（図 4.1 の＊印）．また，たとえピボットが 0 でなくても絶対値の非常に小さい数であれば桁落ちや情報落ちが起きる可能性があり，以後の計算に大きな誤差が生じる恐れがある．そこで，この点に関して対策をとる必要がある．

　もっとも簡便な対策は，消去の段階で得られる方程式

$$a_{ll}^{(l)}x_l + a_{ll+1}^{(l)}x_{l+1} + \cdots + a_{ln}^{(l)}x_n = b_l^{(l)}$$

$$\cdots$$

$$a_{il}^{(l)}x_l + a_{il+1}^{(l)}x_{l+1} + \cdots + a_{in}^{(l)}x_n = b_i^{(l)} \tag{4.6}$$

$$\cdots$$

$$a_{nl}^{(l)}x_l + a_{nl+1}^{(l)}x_{l+1} + \cdots + a_{nn}^{(l)}x_n = b_n^{(l)}$$

から次の消去に移る前に，方程式の入れ換えを行う．すなわち，式 (4.6) において x_l の係数の絶対値が最大になる方程式が $a_{il}^{(l)}$ を含んだ式であれば，第 1 式とこの式を入れ換えた上で消去を行う．この手続きのことを**部分ピボット選択**とよぶ[†]．

[†] より完全にするためには，式 (4.6) のすべての係数の中で絶対値が最大の項をピボットにする．この手続きを**完全ピボット選択**という．この場合，方程式の入れ換えだけではなく未知数の名前の付け替えをする必要がある．しかし，計算時間がかかる操作なので部分ピボット選択だけですますことが多い．

36　　　　　　　第 4 章　連立 1 次方程式その 1

4.3　ガウスの消去法 (3)

　本節では後の便宜のため，ガウスの消去法の前進消去を行列演算として見直しておく．そのために連立 1 次方程式 (4.1) を

$$Ax = b \tag{4.7}$$

という形に書く．ここで

$$A = \begin{bmatrix} a_{11}^{(1)} & a_{12}^{(1)} & \cdots & a_{1n}^{(1)} \\ a_{21}^{(1)} & a_{22}^{(1)} & \cdots & a_{2n}^{(1)} \\ \vdots & \vdots & \vdots & \vdots \\ a_{n1}^{(1)} & a_{n2}^{(1)} & \cdots & a_{nn}^{(1)} \end{bmatrix} \quad x = \begin{bmatrix} x_1 \\ x_2 \\ \vdots \\ x_n \end{bmatrix} \quad b = \begin{bmatrix} b_1 \\ b_2 \\ \vdots \\ b_n \end{bmatrix} \tag{4.8}$$

である．いま，$m_{i1} = a_{i1}^{(1)}/a_{11}^{(1)}$ $(i = 2, 3, \cdots, n)$ として

$$M_1 = \begin{bmatrix} 1 & 0 & 0 & \cdots & 0 \\ -m_{21} & 1 & 0 & \cdots & 0 \\ -m_{31} & 0 & 1 & \cdots & 0 \\ \vdots & \vdots & \vdots & \vdots & \vdots \\ -m_{n1} & 0 & 0 & \cdots & 1 \end{bmatrix} \quad \text{とおくと}$$

$$M_1 A = \begin{bmatrix} 1 & 0 & 0 & \cdots & 0 \\ -m_{21} & 1 & 0 & \cdots & 0 \\ -m_{31} & 0 & 1 & \cdots & 0 \\ \vdots & \vdots & \vdots & \vdots & \vdots \\ -m_{n1} & 0 & 0 & \cdots & 1 \end{bmatrix} \begin{bmatrix} a_{11}^{(1)} & a_{12}^{(1)} & a_{13}^{(1)} & \cdots & a_{1n}^{(1)} \\ a_{21}^{(1)} & a_{22}^{(1)} & a_{23}^{(1)} & \cdots & a_{2n}^{(1)} \\ a_{31}^{(1)} & a_{32}^{(1)} & a_{33}^{(1)} & \cdots & a_{3n}^{(1)} \\ \vdots & \vdots & \vdots & \vdots & \vdots \\ a_{n1}^{(1)} & a_{n2}^{(1)} & a_{n3}^{(1)} & \cdots & a_{nn}^{(1)} \end{bmatrix}$$

$$= \begin{bmatrix} a_{11}^{(1)} & a_{12}^{(1)} & \cdots & a_{1n}^{(1)} \\ 0 & a_{22}^{(2)} & \cdots & a_{2n}^{(2)} \\ \vdots & \vdots & \vdots & \vdots \\ 0 & a_{n2}^{(2)} & \cdots & a_{nn}^{(2)} \end{bmatrix} \tag{4.9}$$

4.3 ガウスの消去法 (3)

となる. ただし,
$$a_{ij}^{(2)} = a_{ij}^{(1)} - m_{i1}a_{1j}^{(1)}$$
である. 次に $m_{i2} = a_{i2}^{(2)}/a_{22}^{(2)}$ $(i = 3, 4, \cdots, n)$ として

$$M_2 = \begin{bmatrix} 1 & 0 & 0 & \cdots & 0 \\ 0 & 1 & 0 & \cdots & 0 \\ 0 & -m_{32} & 1 & \cdots & 0 \\ \vdots & \vdots & \vdots & \vdots & \vdots \\ 0 & -m_{n2} & 0 & \cdots & 1 \end{bmatrix}$$ とおき, 式 (4.9) を利用すると

$$M_2 M_1 A = M_2(M_1 A) = \begin{bmatrix} a_{11}^{(1)} & a_{12}^{(1)} & a_{13}^{(1)} & \cdots & a_{1n}^{(1)} \\ 0 & a_{22}^{(2)} & a_{23}^{(2)} & \cdots & a_{2n}^{(2)} \\ 0 & 0 & a_{33}^{(3)} & \cdots & a_{3n}^{(3)} \\ \vdots & \vdots & \vdots & \vdots & \vdots \\ 0 & 0 & a_{n3}^{(3)} & \cdots & a_{nn}^{(3)} \end{bmatrix}$$

となる (ただし, $a_{ij}^{(3)} = a_{ij}^{(2)} - m_{i2}a_{2j}^{(2)}$).

同様の手続きを $n-1$ 回繰り返すと

$$M_{n-1} \cdots M_1 A = \begin{bmatrix} a_{11}^{(1)} & a_{12}^{(1)} & \cdots & a_{1n}^{(1)} \\ 0 & a_{22}^{(2)} & \cdots & a_{2n}^{(2)} \\ \vdots & \vdots & \vdots & \vdots \\ 0 & 0 & \cdots & a_{nn}^{(n)} \end{bmatrix} \tag{4.10}$$

となる. したがって, この手続きによって,
$$M_{n-1} \cdots M_1 A\boldsymbol{x} = M_{n-1} \cdots M_1 \boldsymbol{b} \tag{4.11}$$
が得られるため, 式 (4.7) の両辺に $M_{n-1} \cdots M_1$ を左から掛けることは, ガウスの消去法の前進消去を行うことに対応する.

4.4 掃き出し法

　ガウスの消去法の変形に**掃き出し法**がある．ガウスの消去法の前進消去において x_1 の消去が終わって，次に x_2 を消去する段階に着目する．ガウスの消去法では 2 番目の式を用いて，3 番目以降の式から x_2 を消去したが，第 1 番目の式はそのままにしておいた．一方，掃き出し法では，第 1 式を $a_{11}^{(1)}$ で割り算して x_1 の係数を 1 にした上で，x_2 を第 1 番目の式からも消去する．その結果

$$x_1 \qquad +a_{13}^{(2)}x_3 + a_{14}^{(2)}x_4 + \cdots + a_{1n}^{(2)}x_n = b_1^{(2)}$$
$$a_{22}^{(2)}x_2 + a_{23}^{(2)}x_3 + a_{24}^{(2)}x_4 + \cdots + a_{2n}^{(2)}x_n = b_2^{(2)}$$
$$a_{33}^{(3)}x_3 + a_{34}^{(3)}x_4 + \cdots + a_{2n}^{(3)}x_n = b_3^{(3)}$$
$$\cdots$$
$$a_{n3}^{(3)}x_3 + a_{n4}^{(3)}x_4 + \cdots + a_{nn}^{(3)}x_n = b_n^{(3)}$$

という式が得られる．さらに 3 番目の式を用いて x_3 を消去する場合も，4 番目以降の式から消去するだけではなく，2 番目の式を $a_{22}^{(2)}$ で割って x_2 の係数を 1 にした式と 1 番目の式からも x_3 を消去する．その結果，

$$x_1 \qquad +a_{14}^{(3)}x_4 + \cdots + a_{1n}^{(3)}x_n = b_1^{(3)}$$
$$x_2 \qquad +a_{24}^{(3)}x_4 + \cdots + a_{2n}^{(3)}x_n = b_2^{(3)}$$
$$a_{33}^{(3)}x_3 +a_{34}^{(3)}x_4 + \cdots + a_{2n}^{(3)}x_n = b_3^{(3)}$$
$$\cdots$$
$$a_{n3}^{(3)}x_4 + \cdots + a_{nn}^{(3)}x_n = b_n^{(4)}$$

となる．同様にこの手続きを続けていけば，最終的に方程式

$$x_1 \qquad = b_1^{(n)}$$
$$x_2 \qquad = b_2^{(n)}$$
$$x_3 \qquad = b_3^{(n)} \tag{4.12}$$
$$\cdots$$
$$x_n = b_n^{(n)}$$

4.4 掃き出し法

が得られる．この式を見ればもとの連立1次方程式の解がすでに求まっていることがわかる．掃き出し法は本質的にガウスの消去法と同じ方法なので演算量は変わらず，また消去の段階でピボットの選択を行う必要がある．掃き出し法のアルゴリズムは以下のようになる．ただし，この場合図 4.2 に示す●を消去の段階で1にせず，消去後に一括して●で除算している．

掃き出し法のアルゴリズム

$l = 1, 2, \cdots, n-1$ の順に，各 l に対して $j = 1, \cdots, l-1, l+1, \cdots, n$ の順に，

(i) $m_{jl} = a_{jl}^{(l)} / a_{ll}^{(l)}$

(ii) $a_{jk}^{(l+1)} = a_{jk}^{(l)} - m_{jl} a_{lk}^{(l)} \ (k = l+1, \cdots, n)$

(iii) $b_j^{(l+1)} = b_j^{(l)} - m_{jl} b_l^{(l)}$

という計算を行ったあと，次の計算をする．

(iv) $x_l = b_l^{(l)} / a_{ll}^{(l)} \ (l = 1, 2, \cdots, n)$

例 1 4.1 節の例 1 を掃き出し法で解く

$$\begin{bmatrix} 1 & -4 & 3 & -1 \\ 1 & -5 & 2 & 2 \\ 1 & -1 & 1 & 0 \end{bmatrix} \rightarrow \begin{bmatrix} 1 & 0 & 7 & -13 \\ 0 & 1 & 1 & -3 \\ 0 & 0 & -5 & 10 \end{bmatrix} \rightarrow \begin{bmatrix} 1 & 0 & 0 & 1 \\ 0 & 1 & 0 & -1 \\ 0 & 0 & 1 & -2 \end{bmatrix}$$

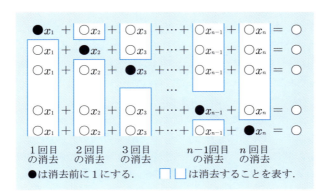

図 4.2 掃き出し法の手順

40　　　　　　　　第 4 章　連立 1 次方程式その 1

第 4 章の章末問題

問 1　次の連立 1 次方程式をガウスの消去法と掃き出し法で解け.
$$x - y + z = 5, \quad x + 2y = 1, \quad 2x + 3z = 9$$

問 2　次の連立 1 次方程式をガウスの消去法で解け.
$$x - 4y + 3z - u = -3$$
$$-x + 4y - 2z - 2u = -5$$
$$x - 5y + 2z + u = 4$$
$$2x - 5y + 4z - 3u = -7$$

問 3　次の連立 1 次方程式を,ガウスの消去法で解いたとき,結果がどうなるかを考察せよ.ただし,ε の絶対値は非常に小さいとする.
$$\varepsilon x_1 + x_2 = 2, \quad x_1 + x_2 = 1$$

コラム　クラメールの公式

　線形代数で行列式を習うとき必ず**クラメールの公式**が出てくる.これは,n 元連立 1 次方程式 $Ax = b$ の n 個の解が,$x_i = |B_i|/|A|$ になるというものである.ただし,$|A|$ は連立方程式の係数から作った行列式であり,$|B_i|$ は行列式 $|A|$ の第 i 列目の要素を右辺の b の要素で置き換えた行列式である.すなわち,この公式は行列式の計算さえできれば,連立 1 次方程式が簡単に解けることを示している.しかし,行列式の計算を定義にしたがって計算すると大変なことになる.なぜなら,1 章の章末問題でも取り上げたが n 次の行列式の計算には $(n-1)n!$ 回の乗算が必要になるからである.クラメールの公式において分母は共通であるが,分子はそれぞれ異なった行列式であり,合計 $n+1$ 個の行列式の計算が必要である.以上を合計するとクラメールの公式で必要とする乗算の数は $(n-1) \times n! \times (n+1) \fallingdotseq n^2 n!$ 回である.ここで,具体的に $n = 20$ の場合(20 元の連立 1 次方程式)に乗算の数を見積もるとおよそ 10^{19} 回となる.性能のよいコンピュータでも 1 回の乗算に 10^{-10} 秒はかかるため,この計算に約 3000 年の計算が必要になり,到底計算できない(実際の行列式の計算は行列式を三角型にして行う).

第5章
連立1次方程式その2

本節では，はじめにガウスの消去法の手続きを少し見直すことにより，ガウスの消去法の手続きが連立1次方程式 $Ax = b$ の係数行列 A を下三角行列 L と上三角行列 U の積の形，すなわち $A = LU$ に直す手順と本質的に同じであることを示す．1組の連立1次方程式を解くだけであれば，$Ax = b$ を解いても $LUx = b$ を解いても計算時間は変わらない．しかし，A は同じで b が変化するような連立1次方程式を何組も解く場合には LU の形に分解した方が圧倒的に効率がよい．次に，A が対称行列である場合の解き方を2種類示したあと，A が3重対角行列である場合の効率的な解き方を紹介する．これは特殊な場合であるかのように見えるが数値計算法ではこのような3重対角行列が頻繁に現れる．

●本章の内容●
LU分解法
コレスキー法
変形コレスキー法
トーマス法

5.1 LU 分解法

4.3 節の式 (4.11) からただちに

$$(M_{n-1} \cdots M_1)^{-1}(M_{n-1} \cdots M_1)A\boldsymbol{x} = \boldsymbol{b}$$

が得られるが，この式は

$$L = (M_{n-1} \cdots M_1)^{-1}, \quad U = (M_{n-1} \cdots M_1)A \tag{5.1}$$

とおけば，

$$LU\boldsymbol{x} = \boldsymbol{b} \tag{5.2}$$

となる．ここで，具体的に L を計算してみよう．

$$L = (M_{n-1} \cdots M_2 M_1)^{-1} = M_1^{-1} M_2^{-1} \cdots M_{n-1}^{-1}$$

であるが，

$$M_k^{-1} = \begin{bmatrix} 1 & \cdots & 0 & \cdots & 0 \\ 0 & \cdots & 1 & \cdots & \\ 0 & \cdots & -m_{k+1k} & \cdots & 0 \\ \vdots & & \vdots & \vdots & \vdots \\ 0 & \cdots & -m_{nk} & \cdots & 1 \end{bmatrix}^{-1} = \begin{bmatrix} 1 & \cdots & 0 & \cdots & 0 \\ 0 & \cdots & 1 & \cdots & \\ 0 & \cdots & m_{k+1k} & \cdots & 0 \\ \vdots & & \vdots & \vdots & \vdots \\ 0 & \cdots & m_{nk} & \cdots & 1 \end{bmatrix}$$

であるから，

$$L = M_1^{-1} \cdots M_{n-1}^{-1} = \begin{bmatrix} 1 & 0 & \cdots & 0 & 0 \\ m_{21} & 1 & \cdots & 0 & 0 \\ m_{31} & m_{32} & \cdots & 0 & 0 \\ \vdots & \vdots & \vdots & \vdots & \vdots \\ m_{n1} & m_{n2} & \cdots & m_{nn-1} & 1 \end{bmatrix} \tag{5.3}$$

となることがわかる．すなわち L は**下三角行列**（Lower triangular matrix：対角線より上の成分が 0 の行列）である．一方，4.3 節の式 (4.10) から U は**上三角行列**（Upper triangular matrix：対角線より下の成分が 0 の行列）である．したがって，$A\boldsymbol{x} = \boldsymbol{b}$ と $LU\boldsymbol{x} = \boldsymbol{b}$ を比較すれば，ガウスの消去法の手続きにより行列 A が下三角行列と上三角行列の積の形に分解されたことになる．この手続きのことを **LU 分解**とよぶ．行列 L を求めるにはガウスの消去法のアルゴリズムを実行する場合に，計算途中に現れる m_{ik} を記憶しておけばよい．一方，

5.1 LU 分解法 **43**

行列 U はガウスの消去法で求めた上三角方程式から作った行列である.

いま行列 A が LU 分解できれば連立 1 次方程式 $Ax = b$ を解くことは次の 2 段階の計算を行うことと同等になる.

$$Ly = b, \quad Ux = y \tag{5.4}$$

2 番目の方程式を解くことはガウスの消去法の後退代入の手続きを行うことである. 一方, はじめの方程式は

$$y_1 = b_1$$

$$m_{21}y_1 + y_2 = b_2$$

$$\cdots \tag{5.5}$$

$$m_{n1}y_1 + m_{n2}y_2 + \cdots + y_n = b_n$$

を意味するため, 上から順に解くことにより $y_1, y_2, \cdots, y_n$ の順に解が求まる. このように連立 1 次方程式の係数行列が LU 分解できれば, 方程式の解は簡単に求められる. 連立 1 次方程式 $Ax = b$ で右辺の b が異なる問題をいくつか解く必要がある場合には, LU 分解を 1 度だけ行えば, あとは式 (5.4) を解けばよいため, 効率のよい計算ができる.

例 1 **3 × 3 行列の LU 分解の例**

以下の行列にガウスの消去法の前進消去を行うと以下のようになる.

$$\begin{bmatrix} 2 & 1 & 1 \\ 4 & 3 & 4 \\ 6 & 5 & 10 \end{bmatrix} \rightarrow \begin{bmatrix} 2 & 1 & 1 \\ 0 & 1 & 2 \\ 0 & 2 & 7 \end{bmatrix} \rightarrow \begin{bmatrix} 2 & 1 & 1 \\ 0 & 1 & 2 \\ 0 & 0 & 3 \end{bmatrix}$$

この 3 番目の行列が U である. ただし, 2 番目の行列を導くとき, 1 番目の行列の第 2 式から第 1 式を 2 倍して引き ($m_{21} = 2$), 第 3 式から第 1 式を 3 倍して引いた ($m_{31} = 3$). さらに 3 番目の行列を導くとき 2 番目の行列の第 3 式から第 2 式の 2 倍を引いた ($m_{32} = 2$). したがって,

$$L = \begin{bmatrix} 1 & 0 & 0 \\ 2 & 1 & 0 \\ 3 & 2 & 1 \end{bmatrix}$$

44 第 5 章 連立 1 次方程式その 2

5.2 コレスキー法

前節の LU 分解は必ずできるとは限らない．たとえば

$$\begin{bmatrix} 0 & 1 \\ 1 & 0 \end{bmatrix}$$

は LU 分解できない．実際，

$$\begin{bmatrix} 0 & 1 \\ 1 & 0 \end{bmatrix} = \begin{bmatrix} a & 0 \\ b & c \end{bmatrix} \begin{bmatrix} d & e \\ 0 & f \end{bmatrix} = \begin{bmatrix} ad & ae \\ bd & be + cf \end{bmatrix}$$

となるが，左上の要素を比べると $ad = 0$ となり，$a = 0$ または $d = 0$ となる．その場合，最右辺の行列の右上または左下の要素は 0 になるため，左辺の行列とは一致しない．

行列 A の LU 分解ができるための条件として，

　A のすべての主小行列式が 0 でなければ A は LU 分解できる

ということが知られている．特に A が**正定値対称**であれば，下三角行列 L とその転置行列 L^T を用いて

$$A = LL^T \tag{5.6}$$

の形に LU 分解できる．ここで，ここで正定値であるとは任意の 0 でないベクトル $\boldsymbol{x}$ に対して，次の内積を計算した場合，

$$(\boldsymbol{x}, A\boldsymbol{x}) > 0$$

が成り立つことをいう[†]．

はじめに 3×3 の対称行列を LL^T の形に分解してみよう．

$$\begin{bmatrix} a & d & e \\ d & b & f \\ e & f & c \end{bmatrix} = \begin{bmatrix} l_{11} & 0 & 0 \\ l_{21} & l_{22} & 0 \\ l_{31} & l_{32} & l_{33} \end{bmatrix} \begin{bmatrix} l_{11} & l_{21} & l_{31} \\ 0 & l_{22} & l_{32} \\ 0 & 0 & l_{33} \end{bmatrix} = \begin{bmatrix} l_{11}^2 & l_{11}l_{21} & l_{11}l_{31} \\ l_{11}l_{21} & l_{21}^2 + l_{22}^2 & l_{21}l_{31} + l_{22}l_{32} \\ l_{11}l_{31} & l_{21}l_{31} + l_{22}l_{32} & l_{31}^2 + l_{32}^2 + l_{33}^2 \end{bmatrix}$$

となるため，両辺を比較すれば，l_{ij} の値が $j = 1, 2, 3$ の順に，以下のように計算される．

$$l_{11} = \sqrt{a}, \ l_{21} = d/\sqrt{a}, \ l_{31} = e/\sqrt{a}, \ l_{22} = \sqrt{b - l_{21}^2} = \sqrt{b - d^2/a},$$

$$l_{32} = (f - l_{21}l_{31})/l_{22} = (f - de/a)\sqrt{a}/\sqrt{ab - d^2},$$

$$l_{33} = \sqrt{c - l_{31}^2 - l_{32}^2} = \sqrt{c - e^2/a - a(f - de/a)^2/(ab - d^2)}$$

なお，正定値という条件は根号内が負にならないことを保証する条件である．

一般の $n \times n$ の対称行列も同様の手続きで LL^T の形に分解できる．実際，A の要素を a_{ij}，L の要素を l_{ij} とおくと，式 (5.6) の積を計算することにより，

$$a_{ij} = \sum_{k=1}^{n} l_{ik}l_{kj} = \sum_{k=1}^{n} l_{ik}l_{jk} = \sum_{k=1}^{m} l_{ik}l_{jk}$$

となる．ただし m は i と j の大きくない方である．上式の最初の等号は 2 つの行列の積の定義，2 つ目の等号は行列が対称であること，最後の等式で総和を m までにしているのは 0 の要素は和から取り除けることを用いている．したがって，L の要素は $i = j$ のときは

$$l_{jj} = \sqrt{a_{jj} - \sum_{k=1}^{j-1} l_{jk}^2} \tag{5.7}$$

となり（$j = 1$ のとき総和は計算しない），$i \neq j$ のとき

$$\sum_{k=1}^{j} l_{ik}l_{jk} = \sum_{k=1}^{j-1} l_{ik}l_{jk} + l_{ij}l_{jj} = a_{ij}$$

であるから

$$l_{ij} = \frac{1}{l_{jj}} \left(a_{ij} - \sum_{k=1}^{j-1} l_{ik}l_{jk} \right) \ (i = j+1, \cdots, n) \tag{5.8}$$

となる．このように，式 (5.6) の L の要素を直接計算する方法を**コレスキー法**とよび，また A を LL^T の形に分解することを**コレスキー分解**とよんでいる．

A がコレスキー分解できれば，LU 分解の場合と同様にして $A\boldsymbol{x} = \boldsymbol{b}$ は容易に解くことができる．

---

† A が正定値対称というのは大きな制限のようにみえるが，B を 0 行列でない任意の行列とした場合，$B^T B$ は正定値対称になる．そこで，連立 1 次方程式

$$B\boldsymbol{x} = \boldsymbol{c}$$

を解くかわりに

$$B^T B\boldsymbol{x} = B^T \boldsymbol{c}$$

を解くことにすればコレスキー法が使える．

46 第 5 章 連立 1 次方程式その 2

5.3 変形コレスキー法

コレスキー法のアルゴリズムから，コレスキー法では平方根の計算が必要になることがわかる．平方根の計算は乗除算に比べて時間を要するうえ精度的にも不利である．そこでコレスキー法を変形して平方根の計算を不要にした方法があり，**変形（改訂）コレスキー法**とよばれている．この方法は連立 1 次方程式の係数行列 A（対称行列）を

$$A = U^T D U \tag{5.9}$$

と分解する†．ここで

$$D = \begin{bmatrix} d_{11} & 0 & \cdots & 0 \\ 0 & d_{22} & \cdots & 0 \\ \vdots & \vdots & \vdots & \vdots \\ 0 & \cdots & 0 & d_{nn} \end{bmatrix}, \quad U = \begin{bmatrix} 1 & u_{12} & u_{13} & \cdots & u_{1n} \\ 0 & 1 & u_{23} & \cdots & u_{2n} \\ 0 & 0 & 1 & \cdots & u_{3n} \\ \vdots & \vdots & \vdots & \vdots & \vdots \\ 0 & 0 & 0 & \cdots & 1 \end{bmatrix}$$

である．コレスキー法と同様に式 (5.9) の右辺の積を実行すれば

$$a_{ij} = \sum_{k=1}^{n} u_{ik} d_{kk} u_{kj} = \sum_{k=1}^{n} u_{ki} d_{kk} u_{kj} = \sum_{k=1}^{m} u_{ki} d_{kk} u_{jk}$$

となる．$u_{ii} = 1$ を考慮して，係数を比較することにより，D と U の各係数が次のアルゴリズムから求まることがわかる．

$d_{11} = a_{11}$

$u_{1j} = a_{1j}/d_{11} \quad (j = 2, 3, \cdots, n)$

$$d_{ii} = a_{ii} - \sum_{k=1}^{i-1} u_{ki}^2 d_{kk} \quad (i = 2, 3, \cdots, n) \tag{5.10}$$

$$u_{ij} = \left(a_{ij} - \sum_{k=1}^{i-1} u_{ki} d_{kk} u_{kj} \right) \Big/ d_{ii} \ (i = 2, \cdots, n-1; j = i+1, \cdots, n)$$

このようにして D と U を求めたあと，

$$DU\boldsymbol{x} = \boldsymbol{z} \tag{5.11}$$

とおけば，もとの連立 1 次方程式は

$$U^T \boldsymbol{z} = \boldsymbol{b} \tag{5.12}$$

となる．式 (5.12) は下三角型であり簡単に解ける．具体的には

$$z_1 = b_1, \quad z_i = b_i - \sum_{k=1}^{i-1} u_{ki} z_k \quad (i = 2, 3, \cdots, n) \tag{5.13}$$

を行えばよい．式 (5.11) は

$$U \boldsymbol{x} = D^{-1} \boldsymbol{z}$$

と書けば，上三角型になり右辺がわかればこれも簡単に解ける（4.1 節の(A)）．また右辺は，D の対角成分 d_{ii} を $1/d_{ii}$ に置き換えた対角行列が D^{-1} であることから，ベクトル z の各成分に上から順に $1/d_{11}, \cdots, 1/d_{nn}$ を掛ければ求まる．あるいはこれらの手続きをまとめれば，式 (5.11) は

$$x_n = z_n/d_{nn}, \quad x_i = z_i/d_{ii} - \sum_{k=i+1}^{n} u_{ik} x_k \quad (i = n-1, \cdots, 2, 1)$$

により解くことができる．

変形コレスキー法のアルゴリズム

メモリの節約のため，D の要素 d_{ii} と U の要素 u_{ij} を A の要素 a_{ii} と a_{ij} に上書きすることにすると以下のようにして $U^T D U$ の形に分解できる．

1. 連立 1 次方程式の係数行列 A の要素 a_{ij} と右辺のベクトル b_j を読み込む．

2. $a_{1j} := a_{1j}/a_{11} \; (j = 2, \cdots, n)$††

   $a_{ii} := a_{ii} - \sum_{k=1}^{i-1} a_{ki}^2 a_{kk} \; (i = 2, \cdots, n)$

   $a_{ij} := \left(a_{ij} - \sum_{k=1}^{i-1} a_{ki} a_{kk} a_{kj} \right) \big/ a_{ii}$

   $\qquad (i = 2, \cdots, n-1 \, ; \, j = i+1, \cdots, n)$

3. $z_1 = b_1 \, ; \quad z_i = b_i - \sum_{k=1}^{i-1} a_{ki} z_k \; (i = 2, \cdots, n)$

4. $x_n = z_n/a_{nn} \, ; \quad x_i = z_i/a_{ii} - \sum_{k=i+1}^{n} a_{ik} x_k \; (i = n-1, \cdots, 1)$

---

† 本節の説明では上三角形行列 U を用いたが，$U^T = L$ とおけば $A = LDL^T$ となる．

†† 記号 := は右辺を計算して左辺に代入することを表わす．

5.4 トーマス法

応用上，比較的よく現れる連立 1 次方程式に 3 項方程式とよばれる次の形の方程式がある：

$$
\begin{aligned}
b_1 x_1 + c_1 x_2 &\qquad\qquad\qquad\qquad = d_1 \\
a_2 x_1 + b_2 x_2 + c_2 x_3 &\qquad\qquad\qquad = d_2 \\
a_3 x_2 + b_3 x_3 + c_3 x_4 &\qquad\qquad = d_3 \\
&\cdots \\
a_{n-1} x_{n-2} + b_{n-1} x_{n-1} + c_{n-1} x_n &= d_{n-1} \\
a_n x_{n-1} + b_n x_n &= d_n
\end{aligned}
\tag{5.14}
$$

この方程式にガウスの消去法を適用すれば以下のようになる．まず第 1 番目の式から

$$
x_1 = (d_1 - c_1 x_2)/b_1 = (s_1 - c_1 x_2)/g_1
$$

となる．ただし，

$$
g_1 = b_1, \quad s_1 = d_1
$$

とおいた．これを 2 番目の式に代入したあと，x_2 について解くと

$$
x_2 = (s_2 - c_2 x_3)/g_2
$$

となる．ここで

$$
g_2 = b_2 - a_2 c_1/g_1, \quad s_2 = d_2 - a_2 s_1/g_1
$$

である．さらにこの式を 3 番目の式に代入して x_3 について解くと

$$
x_3 = (s_3 - c_3 x_4)/g_3, \quad g_3 = b_3 - a_3 c_2/g_2, \quad s_3 = d_3 - a_3 s_2/g_2
$$

となる．以上のことから類推できるように，この手続きを繰り返して i 番目の式を x_i について解くと

$$
x_i = (s_i - c_i x_{i+1})/g_i
\tag{5.15}
$$

$$
g_i = b_i - a_i c_{i-1}/g_{i-1}, \quad s_i = d_i - a_i s_{i-1}/g_{i-1}
\tag{5.16}
$$

となる．この式は $i = 2, \cdots, n$ について成り立つ．ただし，$i = n$ のときは c_n の項がないため，式 (5.15) は

$$
x_n = s_n/g_n
$$

5.4 トーマス法   49

となり，すでに x_n が求まっていることに注意する．次に，式 (5.15) において $i = n - 1$ とおくことにより，x_n から x_{n-1} が求まる．同様に式 (5.15) を繰り返し用いることにより，$x_{n-1}, x_{n-2}, \cdots, x_1$ の順に解を求めることができる（ガウスの消去法における後退代入）．

以上をまとめれば3項方程式は次のアルゴリズム（**トーマス法**）を用いて解くことができる：

トーマス法のアルゴリズム

1. $g_1 = b_1$, $s_1 = d_1$ とおく．

2. $i = 2, 3, \cdots, n$ の順に g_i, s_i を式 (5.16) から求めておく．

3. このとき $x_n = s_n/g_n$ である．

4. 次に，$i = n - 1, n - 2, \cdots, 1$ の順に式 (5.15) から x_i を求める．

3項方程式は以下のように LU 分解しても解ける．

$$
\begin{bmatrix}
1 & & & & & & \\
y_2 & 1 & & & & & \\
& \ddots & \ddots & & & & \\
& & y_{i-1} & 1 & & & \\
& & & y_i & 1 & & \\
& & & & \ddots & \ddots & \\
& & & & & y_{n-1} & 1 \\
& & & & & & y_n & 1
\end{bmatrix}
\begin{bmatrix}
g_1 & c_1 & & & & & \\
& g_2 & c_2 & & & & \\
& & \ddots & \ddots & & & \\
& & & g_{i-1} & c_{i-1} & & \\
& & & & g_i & c_i & \\
& & & & \ddots & \ddots & \ddots \\
& & & & & g_{n-1} & c_{n-1} \\
& & & & & & g_n
\end{bmatrix}
$$

この積を計算して式 (5.14) の係数行列と比較すれば

$$ b_1 = g_1, \quad a_i = y_i g_{i-1}, \quad b_i = y_i c_{i-1} + g_i $$

となるため，以下の関係が得られる．

$$
\begin{aligned}
& g_1 = b_1 \\
& y_i = a_i/g_{i-1} \quad (i = 2, 3, \cdots, n) \\
& g_i = b_i - y_i c_{i-1} = b_i - a_i c_{i-1}/g_{i-1} \quad (i = 2, 3, \cdots, n)
\end{aligned}
$$

第 5 章の章末問題

問 1　行列 $\begin{bmatrix} 1 & 2 & 1 \\ 3 & 8 & 7 \\ 2 & 10 & 10 \end{bmatrix}$ を LU 分解せよ.

問 2　次式を証明せよ

$$\begin{bmatrix} 1 & \cdots & 0 & \cdots & 0 \\ 0 & \cdots & 1 & \cdots & \cdots \\ 0 & \cdots & -m_{k+1k} & \cdots & 0 \\ \vdots & \vdots & \vdots & \vdots & \vdots \\ 0 & \cdots & -m_{nk} & \cdots & 1 \end{bmatrix}^{-1} = \begin{bmatrix} 1 & \cdots & 0 & \cdots & 0 \\ 0 & \cdots & 1 & \cdots & \cdots \\ 0 & \cdots & m_{k+1k} & \cdots & 0 \\ \vdots & \vdots & \vdots & \vdots & \vdots \\ 0 & \cdots & m_{nk} & \cdots & 1 \end{bmatrix}$$

問 3　式 (5.3) を 4×4 行列で確かめよ.

問 4　以下の 3×3 の対称行列に変形コレスキー法を適用して, $p_1, p_2, p_3, u_1, u_2, u_3$ を求めよ.

$$\begin{bmatrix} a & d & e \\ d & b & f \\ e & f & c \end{bmatrix} = \begin{bmatrix} 1 & 0 & 0 \\ u_1 & 1 & 0 \\ u_2 & u_3 & 1 \end{bmatrix} \begin{bmatrix} p_1 & 0 & 0 \\ 0 & p_2 & 0 \\ 0 & 0 & p_3 \end{bmatrix} \begin{bmatrix} 1 & u_1 & u_2 \\ 0 & 1 & u_3 \\ 0 & 0 & 1 \end{bmatrix}$$

コラム　条件数

　連立 1 次方程式 $A\boldsymbol{x} = \boldsymbol{b}$ をコンピュータで解く場合, 係数行列 A の「性質がよくない」場合には, 計算結果に大きな誤差が入ることがある. たとえば, A がヒルベルト行列 $(a_{ij} = 1/(i + j - 1))$ とよばれる行列の場合には, n が大きくなると, たとえ倍精度で計算してもあまり精度のよい解が得られない. なぜなら, n が大きくなると, 行列の 2 つの行（または列）の要素の値が近くなるため, 行列式の値が 0 に近くなるためである. 行列の性質の良し悪しは**条件数**という数で判断できる. ここで, 条件数とは行列 $A^T A$ の最大固有値 (λ_{max}) と最小固有値 (λ_{min}) の絶対値の比の平方根 $\sqrt{|\lambda_{max}/\lambda_{min}|}$ であり, 条件数が大きいほど性質が悪くなる. 一般的には行列の各要素の絶対値の大きさにばらつきがあると条件数は大きくなる. そのようなとき, $A\boldsymbol{x} = \boldsymbol{b}$ の左から別の行列 B を掛けて, $BA\boldsymbol{x} = B\boldsymbol{b}$ という形に変換すると, BA の条件数を小さくできる場合がある.

第6章
連立1次方程式その3

　連立1次方程式の数値解法は，その重要性からもいろいろな方法が考えられている．しかし大きく分ければ，消去法と反復法に大別される．主な消去法については4章と5章で述べた．一方，本章で紹介する反復法は，解の初期値を適当に決めたあと連立1次方程式を用いて反復計算しながら真の解に近づけていく方法である．

　数値計算では計算法が最終的に元数の大きな連立1次方程式を解くことに帰着するものが多い．たとえば偏微分方程式の近似解法である差分法や有限要素法では1000元や1万元程度の連立1次方程式を解くことはごく普通であり，場合によっては100万元以上のこともある．反復法はそういった元数の大きい連立1次方程式の解くためによく用いられる方法である．

●本章の内容●

ヤコビ法

ガウス・ザイデル法とSOR法

反復法の原理（1）

反復法の原理（2）

52　　　　　　　　第 6 章　連立 1 次方程式その 3

6.1 ヤコビ法

連立 1 次方程式

$$a_{11}x_1 + a_{12}x_2 + a_{13}x_3 + \cdots + a_{1n}x_n = b_1$$
$$a_{21}x_1 + a_{22}x_2 + a_{23}x_3 + \cdots + a_{2n}x_n = b_2$$
$$\cdots$$
$$a_{n1}x_1 + a_{n2}x_2 + a_{n3}x_3 + \cdots + a_{nn}x_n = b_n$$

(6.1)

を考える．式 (6.1) の第 1 式を x_1 について解き，以下同様に，第 2 式を $x_2, \cdots,$ 第 n 式を x_n について解けば

$$x_1 = \frac{1}{a_{11}}(b_1 - a_{12}x_2 - a_{13}x_3 - \cdots - a_{1n}x_n)$$
$$x_2 = \frac{1}{a_{22}}(b_2 - a_{21}x_1 - a_{23}x_3 - \cdots - a_{2n}x_n)$$
$$\cdots$$
$$x_n = \frac{1}{a_{nn}}(b_n - a_{n1}x_1 - a_{n2}x_2 - \cdots - a_{nn-1}x_{n-1})$$

(6.2)

となる．ただし，このような手続きができるためには係数 $a_{11}, a_{22}, \cdots, a_{nn}$ は 0 であってはならない．もし 0 になるようであれば，4.2 節で述べたピボットの選択のようにあらかじめ方程式の行を入れ換えたり，あるいは変数を入れ換えたりしておく．これは係数が 0 である場合だけではなく，$a_{11}, a_{22}, \cdots, a_{nn}$ が 0 に近い場合にもあてはまり，反復法を用いる場合もピボットの選択のように**対角要素**がなるべく絶対値の大きな数になるようにあらかじめ方程式を変形しておくことが望ましい．

　ヤコビ法（ヤコビの反復法）では式 (6.2) の右辺の $x_1, x_2, \cdots, x_n$ を反復前の値とし，左辺を反復後の値とする．すなわち，ヤコビ法では ν 回反復が進んだとすると $\nu+1$ 回目の反復値を次式から決める．

$$x_1^{(\nu+1)} = \frac{1}{a_{11}}(b_1 - a_{12}x_2^{(\nu)} - a_{13}x_3^{(\nu)} - \cdots - a_{1n}x_n^{(\nu)})$$
$$x_2^{(\nu+1)} = \frac{1}{a_{22}}(b_2 - a_{21}x_1^{(\nu)} - a_{23}x_3^{(\nu)} - \cdots - a_{2n}x_n^{(\nu)})$$

6.1 ヤコビ法　　　　**53**

$\cdots$

$$x_n^{(\nu+1)} = \frac{1}{a_{nn}}(b_n - a_{n1}x_1^{(\nu)} - a_{n2}x_2^{(\nu)} - \cdots - a_{nn-1}x_{n-1}^{(\nu)}) \tag{6.3}$$

適当に与えた出発値（初期値）$x_1^{(0)}, x_2^{(0)}, \cdots, x_n^{(0)}$ を式 (6.3) の右辺に代入し，左辺の $x_1^{(1)}, x_2^{(1)}, \cdots, x_n^{(1)}$ を計算する．さらにこれらを式 (6.3) の右辺に代入して $x_1^{(2)}, x_2^{(2)}, \cdots, x_n^{(2)}$ を計算する．以下この手続きを収束するまで，いいかえれば適当に小さくとった正数 ϵ, ε に対して

$$|x_j^{(\nu+1)} - x_j^{(\nu)}| < \epsilon \quad \text{または，} \quad \frac{|x_j^{(\nu+1)} - x_j^{(\nu)}|}{|x_j^{(\nu)}|} < \varepsilon \quad (j = 1, \cdots, n)$$

が成立するまで繰り返す．（たとえば ϵ としてコンピュータの有効桁より小さい数をとれば，収束した時点で有効桁の範囲で式 (6.2) の右辺の x_i と左辺の x_i が一致するため，それが連立 1 次方程式 (6.1) の解になる．）

ヤコビ法は，式 (6.3) の各式が独立に計算できるため**並列計算**に向いたアルゴリズムである．ただし，収束が遅いという欠点がある．

例1　ヤコビ法の例

$$9x_1 + 2x_2 + x_3 + x_4 = 20, \quad 2x_1 + 8x_2 - 2x_3 + x_4 = 16$$
$$-x_1 - 2x_2 + 7x_3 - 2x_4 = 8, \quad x_1 - x_2 - 2x_3 + 6x_4 = 17$$

に対して

$$x_1^{(\nu+1)} = (20 - 2x_2^{(\nu)} - x_3^{(\nu)} - x_4^{(\nu)})/9$$

$$x_2^{(\nu+1)} = (16 - 2x_1^{(\nu)} + 2x_3^{(\nu)} - x_4^{(\nu)})/8$$

$$x_3^{(\nu+1)} = (8 + x_1^{(\nu)} + 2x_2^{(\nu)} + 2x_4^{(\nu)})/7$$

$$x_4^{(\nu+1)} = (17 - x_1^{(\nu)} + x_2^{(\nu)} + 2x_3^{(\nu)})/6$$

という反復式が得られる．初期値 $x_1^{(0)} = 0$, $x_2^{(0)} = 0$, $x_3^{(0)} = 0$ からはじめるとおよそ 26 回の反復で正解に到達する．（正解 $x_1 = 1$, $x_2 = 2$, $x_3 = 3$, $x_4 = 4$）

6.2 ガウス・ザイデル法と SOR 法

前節の式 (6.3) の反復式を上から順に計算していくとする. このとき 1 番目の式から x_1 の修正値が計算できるため, 2 番目の式の右辺を計算する場合, x_1 にこの修正値を使うことができる. さらに 3 番目の式の右辺を計算する場合, x_1, x_2 の修正値を使い, 4 番目以降も同様に続けていく. このように, 利用できる最新の修正値を反復に取り入れることにより収束を速めることができる. 具体的には反復式として式 (6.3) のかわりに以下を用いる.

$$x_1^{(\nu+1)} = \frac{1}{a_{11}}(b_1 - a_{12}x_2^{(\nu)} - a_{13}x_3^{(\nu)} - \cdots - a_{1n-1}x_{n-1}^{(\nu)} - a_{1n}x_n^{(\nu)})$$

$$x_2^{(\nu+1)} = \frac{1}{a_{22}}(b_2 - a_{21}x_1^{(\nu+1)} - a_{23}x_3^{(\nu)} - \cdots - a_{2n-1}x_{n-1}^{(\nu)} - a_{2n}x_n^{(\nu)})$$

$$x_3^{(\nu+1)} = \frac{1}{a_{33}}(b_3 - a_{31}x_1^{(\nu+1)} - a_{32}x_2^{(\nu+1)} - \cdots - a_{3n-1}x_{n-1}^{(\nu)} - a_{3n}x_n^{(\nu)}) \tag{6.4}$$

$$\cdots$$

$$x_n^{(\nu+1)} = \frac{1}{a_{nn}}(b_n - a_{n1}x_1^{(\nu+1)} - a_{n2}x_2^{(\nu+1)} - \cdots - a_{nn-1}x_{n-1}^{(\nu+1)})$$

ここで述べた方法は**ガウス・ザイデル法**とよばれ, 収束の速さがヤコビ法の約 2 倍（例えばヤコビ法で収束に 100 回の反復が必要であるとすればガウス・ザイデル法では 50 回）になることが知られている. ただし, 上の式から順に計算していく必要があるため, 並列計算には向かない.

ガウス・ザイデル法の収束を加速する方法に **SOR 法**（Successive Over Relaxation method＝**逐次加速緩和法**）がある. この方法はガウス・ザイデル法 (6.4) の左辺をそのまま修正値とはせずに, その値と修正前の値 $x^{(\nu)}$ を組み合わせてよりよい修正値にする. すなわち, 式 (6.4) の第 1 式の左辺を仮の値という意味で x_1^* とする:

$$x_1^* = \frac{1}{a_{11}}(b_1 - a_{12}x_2^{(\nu)} - a_{13}x_3^{(\nu)} - \cdots - a_{1n-1}x_{n-1}^{(\nu)} - a_{1n}x_n^{(\nu)})$$

そして, 修正値 $x_1^{(\nu+1)}$ は

$$x_1^{(\nu+1)} = (1 - \omega)x_1^{(\nu)} + \omega x_1^*$$

から計算する. 以下, 同様に

$$x_2^* = \frac{1}{a_{22}}(b_2 - a_{21}x_1^{(\nu+1)} - a_{23}x_3^{(\nu)} - \cdots - a_{2n-1}x_{n-1}^{(\nu)} - a_{2n}x_n^{(\nu)})$$

$$x_2^{(\nu+1)} = (1-\omega)x_2^{(\nu)} + \omega x_2^*$$

$$\cdots$$

とする．ω の値は 0 と 2 の間でなければ収束しないが，適当な値をとればガウス・ザイデル法よりも収束が数倍速くなることがある．ただし，最適値は特殊な場合以外には見積もれず，試行で決める必要がある．なお，SOR 法で $\omega = 1$ にとれば，ガウス・ザイデル法に一致する．

反復法は必ずしも収束するとは限らないため，反復法では解が得られないこともある．どのような場合に収束するかについては次節で述べる．

例1 ガウス・ザイデル法の例

前節の例でとりあげた方程式にガウス・ザイデル法を適用すると

$$x_1^{(\nu+1)} = (20 - 2x_2^{(\nu)} - x_3^{(\nu)} - x_4^{(\nu)})/9$$

$$x_2^{(\nu+1)} = (16 - 2x_1^{(\nu+1)} + 2x_3^{(\nu)} - x_4^{(\nu)})/8$$

$$x_3^{(\nu+1)} = (8 + x_1^{(\nu+1)} + 2x_2^{(\nu+1)} + 2x_4^{(\nu)})/7$$

$$x_4^{(\nu+1)} = (17 - x_1^{(\nu+1)} + x_2^{(\nu+1)} + 2x_3^{(\nu+1)})/6$$

となる．2 番目の式の右辺に $x_1^{(\nu+1)}$ があるが，これは 1 番目の式の計算結果をただちに使う．同様に 3 番目の式には $x_1^{(\nu+1)}$ と $x_2^{(\nu+1)}$ があるが，これらは 1, 2 番目の計算結果をただちに使う．ヤコビ法と同じ初期条件で計算すれば，およそ 15 回の反復で正解に到達する．

6.3 反復法の原理 (1)

本節ではヤコビ法やガウス・ザイデル法など，反復法についてもう一度考える．反復法の原理は式 (6.1) を

$$\boldsymbol{x} = M\boldsymbol{x} + \boldsymbol{c} \tag{6.5}$$

という形に変形したあと，反復

$$\boldsymbol{x}^{(\nu+1)} = M\boldsymbol{x}^{(\nu)} + \boldsymbol{c} \tag{6.6}$$

を定義し，この反復を，ϵ, ε をあらかじめ与えた小さな正数として

$$|\boldsymbol{x}^{(\nu+1)} - \boldsymbol{x}^{(\nu)}| < \epsilon \quad \text{または，} \quad \frac{|\boldsymbol{x}^{(\nu+1)} - \boldsymbol{x}^{(\nu)}|}{|\boldsymbol{x}^{(\nu)}|} < \varepsilon \tag{6.7}$$

が成り立つまで繰り返す．もし上式が成り立てば誤差の範囲で $\boldsymbol{x}^{(\nu+1)} = \boldsymbol{x}^{(\nu)}$ が成り立つため，$\boldsymbol{x}^{(\nu)}$ は式 (6.5) すなわち式 (6.1) を満足する解になる．もちろんこのような方法が使えるためには反復が収束しなければならないが，収束の速さも速いほどよい．そこで，反復法 (6.6) が収束するための条件を求めてみよう．

いま $\boldsymbol{x}$ を式 (6.5) の厳密解とすると

$$\boldsymbol{e}^{(\nu)} = \boldsymbol{x} - \boldsymbol{x}^{(\nu)}$$

は誤差を表わす**誤差ベクトル**である．式 (6.5) から式 (6.6) を引くと

$$\boldsymbol{e}^{(\nu+1)} = M\boldsymbol{e}^{(\nu)}$$

が得られるため，この式を繰り返して用いると

$$\boldsymbol{e}^{(\nu)} = M\boldsymbol{e}^{(\nu-1)} = M^2\boldsymbol{e}^{(\nu-2)} = \cdots = M^\nu\boldsymbol{e}^{(0)}$$

となる．反復法が収束するためには，誤差ベクトルが 0 になればよいが，そのためには $M^\nu \to 0$ となればよい．

行列 M にある**正則行列** S を用いて**相似変換**を施した結果，**対角化**されたとする．このとき**対角行列** Λ は行列 M の固有値を対角線上に並べたものになる．式で表現すれば

$$\Lambda = S^{-1}MS \quad \text{または，} \quad M = S\Lambda S^{-1}$$

である．したがって，

$$M^\nu = (S\Lambda S^{-1})(S\Lambda S^{-1})\cdots(S\Lambda S^{-1})(S\Lambda S^{-1}) = S\Lambda^\nu S^{-1}$$

となる．この場合，行列 M の**スペクトル半径** ρ（固有値の中で絶対値最大のも

の）が 1 より小さければ $\nu \to \infty$ のとき

$$
\Lambda^{\nu} = \begin{bmatrix} \lambda_1^{\nu} & & & \\ & \lambda_2^{\nu} & & \\ & & \ddots & \\ & & & \lambda_n^{\nu} \end{bmatrix}
$$

であるため Λ^{ν} の対角要素はすべて 0 になり M^{ν} も 0 となる．すなわち，式 (6.6) が収束するためには $\rho < 1$ であればよい.

補足　**反復法の収束の速さ**

　反復法の収束の速さは誤差ベクトル e がいかに速く 0 に近づくか，いいかえれば M^{ν} がいかに速く 0 行列に近づくかによる．前述のとおり M のスペクトル半径 ρ が 1 より小さいことが収束するために必要であるが，ρ が小さければ小さいほど収束は速くなる．もちろん収束の速さはもとの行列 A の形に依存するが，A がある条件を満たしている場合，次のことが知られている.

　ヤコビ法に対する M のスペクトル半径を ρ_J，ガウス・ザイデル法に対する M のスペクトル半径を ρ_G とすると

$$
\rho_G = \rho_J^2
$$

が成り立つ．誤差のオーダーは ν 回の反復で ρ^{ν} となるから上式より $\rho_G^{\nu} = \rho_J^{2\nu}$ となる．この式は，ガウス・ザイデル法と同じ収束を保つためにはヤコビ法では 2 倍の反復回数を必要とすることを意味している．さらに SOR 法のスペクトル半径を ρ_S としたとき，加速係数 α として

$$
\alpha = \frac{2}{1 + \sqrt{1 - \rho_J^2}}
$$

と選べば収束は最も速くなり，そのときのスペクトル半径は

$$
\rho_S = \frac{1 - \sqrt{1 - \rho_J^2}}{1 + \sqrt{1 - \rho_J^2}}
$$

となることが知られている．ただし，一般の行列に対してはこのような見積りはできない.

6.4 反復法の原理 (2)

式 (6.5) の M と C を求めるため係数行列 A を

$$A = \overline{L} + D + \overline{U} \qquad (6.8)$$

と書き直してみよう. ここで

$$\overline{L} = \begin{bmatrix} 0 & 0 & \cdots & 0 & 0 \\ a_{21} & 0 & \cdots & 0 & 0 \\ \vdots & \vdots & \vdots & \vdots & \vdots \\ a_{n-11} & a_{n-12} & \cdots & 0 & 0 \\ a_{n1} & a_{n2} & \cdots & a_{nn-1} & 0 \end{bmatrix} \qquad D = \begin{bmatrix} a_{11} & 0 & \cdots & 0 & 0 \\ 0 & a_{22} & \cdots & 0 & 0 \\ \vdots & \vdots & \vdots & \vdots & \vdots \\ 0 & 0 & \cdots & a_{n-1n-1} & 0 \\ 0 & 0 & \cdots & 0 & a_{nn} \end{bmatrix}$$

$$\overline{U} = \begin{bmatrix} 0 & a_{12} & \cdots & a_{1n-1} & a_{1n} \\ 0 & 0 & \cdots & a_{2n-1} & a_{2n} \\ \vdots & \vdots & \vdots & \vdots & \vdots \\ 0 & 0 & \cdots & 0 & a_{n-1n} \\ 0 & 0 & \cdots & 0 & 0 \end{bmatrix} \qquad (6.9)$$

である.

(ⅰ) ヤコビ法

ヤコビ法は

$$A\boldsymbol{x} = (\overline{L} + D + \overline{U})\boldsymbol{x} = D\boldsymbol{x} + (\overline{L} + \overline{U})\boldsymbol{x}$$

から式 (6.1) を

$$D\boldsymbol{x} = -(\overline{L} + \overline{U})\boldsymbol{x} + \boldsymbol{b}$$

すなわち

$$\boldsymbol{x} = -D^{-1}(\overline{L} + \overline{U})\boldsymbol{x} + D^{-1}\boldsymbol{b}$$

と変形する方法である. したがって

$$M = -D^{-1}(\overline{L} + \overline{U}), \quad \boldsymbol{c} = D^{-1}\boldsymbol{b}$$

となる. ただし D^{-1} が定義できるためには D の対角要素に 0 があってはならない. もしもとの方程式で, i 番目の式において, $a_{ii} = 0$ ならば方程式の順番をあらかじめ入れ換えておく. D^{-1} は簡単に求まり, 対角線上に D の各対角

6.4 反復法の原理 (2)

要素の逆数を並べたものとなる．反復式は

$$\boldsymbol{x}^{(\nu+1)} = -D^{-1}(\bar{L}+\bar{U})\boldsymbol{x}^{(\nu)} + D^{-1}\boldsymbol{b} \tag{6.10}$$

となる．式 (6.10) を展開すれば式 (6.3) と一致する．

（ii）ガウス・ザイデル法

ガウス・ザイデル法では式 (6.1) を

$$(\bar{L}+D)\boldsymbol{x} = -\bar{U}\boldsymbol{x} + \boldsymbol{b}$$

と変形して

$$(\bar{L}+D)\boldsymbol{x}^{(\nu+1)} = -\bar{U}\boldsymbol{x}^{(\nu)} + \boldsymbol{b} \tag{6.11}$$

または

$$\boldsymbol{x}^{(\nu+1)} = -(\bar{L}+D)^{-1}\bar{U}\boldsymbol{x}^{(\nu)} + (\bar{L}+D)^{-1}\boldsymbol{b}$$

とする．したがって，この場合は

$$M = -(\bar{L}+D)^{-1}\bar{U}, \quad \boldsymbol{c} = (\bar{L}+D)^{-1}\boldsymbol{b}$$

である．ただし，実際の計算には式 (6.11) を （$\bar{L}\boldsymbol{x}^{(\nu+1)}$ を右辺に移項し）

$$\boldsymbol{x}^{(\nu+1)} = -D^{-1}(\bar{L}\boldsymbol{x}^{(\nu+1)} + \bar{U}\boldsymbol{x}^{(\nu)}) + D^{-1}\boldsymbol{b}$$

と書き直した式を用いる．この式を展開すれば式 (6.4) と一致する．

（iii）SOR 法

SOR 法はガウス・ザイデル法の変形で式 (6.11) の右辺を計算して，それを $\boldsymbol{x}^{(\nu+1)}$ の予測値 $\boldsymbol{x}^*$ として，実際の $\boldsymbol{x}^{(\nu+1)}$ は $\boldsymbol{x}^{(\nu)}$ と $\boldsymbol{x}^*$ の線形結合から決める．すなわち ω を定数（**加速係数**）として，

$$
\begin{aligned}
\boldsymbol{x}^* &= -D^{-1}(\bar{L}\boldsymbol{x}^{(\nu+1)} + \bar{U}\boldsymbol{x}^{(\nu)}) + D^{-1}\boldsymbol{b} \\
\boldsymbol{x}^{(\nu+1)} &= (1-\omega)\boldsymbol{x}^{(\nu)} + \omega\boldsymbol{x}^*
\end{aligned}
\tag{6.12}
$$

という反復を行う．ω を適当に選ぶことにより収束を（ヤコビ法の数倍から数十倍）速めることができるが，前節の補足に述べたように，特殊な場合を除いて ω の最適値を求めるのは困難である．そこで ω を変化させて予備的な計算を行って，おおよその見当をつけるのが現実的な方法である．

第 6 章　連立 1 次方程式その 3

第 6 章の章末問題

問 1　第 4 章の章末問題の問 1 の連立 1 次方程式を $x = y = z = 1$ を出発値として，ヤコビ法とガウス・ザイデル法で解け.

問 2　行列 A のどの固有値 λ も複素平面の円 $|\lambda - a_{rr}| = P_r$ の内部または周上にある. ただし，P_r は A の対角要素を 0, 他の要素を絶対値で置き換えたときの r 行の行の和である（**ブロウエルの定理**）. このことを用いて

$$|a_{i1}| + \cdots + |a_{ii-1}| + |a_{ii+1}| + \cdots + |a_{in}| < |a_{ii}| \quad (i = 1, \cdots, n)$$

（**対角優位**）をみたす連立 1 次方程式はヤコビの反復法で解けることを示せ.

問 3　1 次方程式 $x - ax = b$ を反復法で解くとする.

(1) ヤコビ法 $x^{(\nu+1)} = ax^{(\nu)} + b$ の一般項を $x^{(0)}$ を用いて表せ.

(2) SOR 法 $(x^{(\nu+1)} = \alpha x^{(\nu)} + b\omega,\ \alpha = 1 + \omega(a - 1))$ で解いたときの加速係数 ω の最適値を求めよ.

コラム　共役勾配法

　本文で紹介したが，連立 1 次方程式の解法には大きく分けて消去法と反復法がある. 消去法を用いれば，一意の解をもつような連立 1 次方程式は，原理的には有限回の演算で必ず解が求まる. その反面，計算量が多いとかメモリを多く必要とするなどの問題点がある. 反復法は適当な出発値から反復によって解を修正していく方法で，メモリはそれほど必要でないことと出発値が適当だと計算時間も短いという利点がある. しかし，あらかじめ収束するまで反復回数を見積もれなかったり，方程式によっては解けない場合もある. そのような消去法と反復法の中間的な方法に**共役勾配法**がある. これは連立 1 次方程式 $A\boldsymbol{x} = \boldsymbol{b}$ の解が関数 $f(\boldsymbol{x}) = (1/2)\boldsymbol{x}^T A \boldsymbol{x} - \boldsymbol{b} \cdot \boldsymbol{x}$ を最小にすることを用いる. すなわち，連立 1 次方程式を解くかわりに，$f(\boldsymbol{x})$ を最小にする $\boldsymbol{x}$ を求めればよい. 共役勾配法はこの最小値を求めるため，ある出発値からはじめて反復しながら最小値を決める. このとき，$\boldsymbol{x}$ は $z = f(\boldsymbol{x})$ の谷底の点であるため，$z = f(\boldsymbol{x})$ が表す曲面の最大傾斜方向に進むのがよいと考えられる. 共役勾配法もこのような考え方で方程式を用いて探索ベクトルの方向と大きさを決める. n 元 1 次方程式の解は n 次元ベクトルであり，n 個の独立な探索ベクトルの和（線形結合）で表されるため，原理的には n 回の反復で厳密解に到達する. すなわち，共役勾配法は反復法でありながら反復回数が少なく，またあらかじめ反復回数が見積もれる方法である.

第7章
固有値

　本章では行列の固有値を数値的に求める方法を説明する．行列の固有値とは $n \times n$ の行列 A と n 次元ベクトル x に対して

$$Ax = \lambda x$$

を満足する λ のことである．また，この式を満足するベクトルを固有値に対応する固有ベクトルとよぶ．すなわち，固有ベクトルに行列を掛けて線形変換を行ってもそのベクトルを定数（固有値）倍する効果だけしかもたらさない．もちろん，このような数は行列ごとに決まる特殊なものであり，またそのときのベクトルも任意というわけではなく，その行列によって定まる特殊なものである．一般に大きな行列の固有値をすべて求めることは演算量が膨大になり，非常に難しい．一方，絶対値が最大（最小）の固有値は固有値のなかでも重要な意味をもつため，それだけを求める場合も多い．そこで本章では最大・最小固有値を求める方法と比較的小さな対称行列に対してすべての固有値を求めるヤコビ法を紹介する．

●本章の内容●

ベキ乗法
逆ベキ乗法
ヤコビ法(1)
ヤコビ法(2)

62　　　　　　　　　　　第 7 章　固有値

7.1　ベキ乗法

　$n \times n$ 行列 A の n 個の**固有値**がすべて異なるものとする．この固有値を $\lambda_1, \lambda_2, \cdots, \lambda_n$ とし，対応する固有ベクトルを $\boldsymbol{x}_1, \boldsymbol{x}_2, \cdots, \boldsymbol{x}_n$ とする．一般に任意の n 次元ベクトル $\boldsymbol{y}$ はこの固有ベクトルの線形結合

$$\boldsymbol{y} = c_1 \boldsymbol{x}_1 + c_2 \boldsymbol{x}_2 + \cdots + c_n \boldsymbol{x}_n \tag{7.1}$$

で表されることが知られている．式 (7.1) の両辺に左から行列 A を掛けると，λ_j に対する固有ベクトルが $\boldsymbol{x}_j$ であること，すなわち $A\boldsymbol{x}_j = \lambda_j \boldsymbol{x}_j$ が成り立つことを用いて

$$A\boldsymbol{y} = c_1 A\boldsymbol{x}_1 + c_2 A\boldsymbol{x}_2 + \cdots + c_n A\boldsymbol{x}_n$$

$$= c_1 \lambda_1 \boldsymbol{x}_1 + c_2 \lambda_2 \boldsymbol{x}_2 + \cdots + c_n \lambda_n \boldsymbol{x}_n$$

となる．さらに A を掛ければ

$$A^2\boldsymbol{y} = c_1 \lambda_1 A\boldsymbol{x}_1 + c_2 \lambda_2 A\boldsymbol{x}_2 + \cdots + c_n \lambda_n A\boldsymbol{x}_n$$

$$= c_1 \lambda_1^2 \boldsymbol{x}_1 + c_2 \lambda_2^2 \boldsymbol{x}_2 + \cdots + c_n \lambda_n^2 \boldsymbol{x}_n$$

となり，同様にして A を k 回掛けると

$$A^k\boldsymbol{y} = c_1 \lambda_1^k \boldsymbol{x}_1 + c_2 \lambda_2^k \boldsymbol{x}_2 + \cdots + c_n \lambda_n^k \boldsymbol{x}_n$$

が得られる．いま絶対値最大の固有値を λ_j とすれば，上式は

$$A^k\boldsymbol{y} = \lambda_j^k \left\{ c_1 \left(\frac{\lambda_1}{\lambda_j} \right)^k \boldsymbol{x}_1 + \cdots + c_{j-1} \left(\frac{\lambda_{j-1}}{\lambda_j} \right)^k \boldsymbol{x}_{j-1} + c_j \boldsymbol{x}_j \right.$$

$$\left. + c_{j+1} \left(\frac{\lambda_{j+1}}{\lambda_j} \right)^k \boldsymbol{x}_{j+1} + \cdots + c_n \left(\frac{\lambda_n}{\lambda_j} \right)^k \boldsymbol{x}_n \right\}$$

と書けるが，λ_j が絶対値最大であるから，この操作を何回も続けていくと中括弧内の $\boldsymbol{x}_j$ の項以外の係数は 0 に近づく．すなわち

$$A^k\boldsymbol{y} \fallingdotseq c_j \lambda_j^k \boldsymbol{x}_j$$

$$A^{k+1}\boldsymbol{y} \fallingdotseq c_j \lambda_j^{k+1} \boldsymbol{x}_j$$

が成り立つ．このことは $A^k\boldsymbol{y}$ と $A^{k+1}\boldsymbol{y}$ を比べれば，同じ行にある要素の比が固有値 λ_j に近づくことを意味している．

7.1 ベキ乗法　　63

この原理を用いれば以下のようにして最大固有値が得られる. すなわち, $\boldsymbol{y}$ として適当な初期ベクトル $\boldsymbol{x}^{(0)}$ を与えて, 順に

$$\boldsymbol{x}^{(1)} = A\boldsymbol{x}^{(0)}, \quad \boldsymbol{x}^{(2)} = A\boldsymbol{x}^{(1)}, \quad \cdots, \quad \boldsymbol{x}^{(k+1)} = A\boldsymbol{x}^{(k)} \tag{7.2}$$

を計算する. そして, $\boldsymbol{x}^{(k)}$ と $\boldsymbol{x}^{(k+1)}$ の同じ要素の比の絶対値が最大のものを $\lambda_j^{(k+1)}$ とし, ε として十分に小さい正数をとって

$$\frac{|\lambda_j^{(k+1)} - \lambda_j^{(k)}|}{|\lambda_j^{(k)}|} < \varepsilon \tag{7.3}$$

となるまで計算を続ければ, $\lambda_j^{(k+1)}$ が求める最大固有値となる. ただし A^k の各要素は大きくなるかまたは小さくなるので $\boldsymbol{x}^{(k)}$ の要素も同じ傾向をもつ. したがって $\boldsymbol{x}^{(k)}$ を $|\boldsymbol{x}^{(k)}|$ で割って正規化するのがよい. ここで述べた方法を**ベキ乗法**とよぶ.

なお, 反復において最大固有値は

$$\lambda = \frac{(\boldsymbol{x}^{(k+1)}, \boldsymbol{x}^{(k+1)})}{(\boldsymbol{x}^{(k+1)}, \boldsymbol{x}^{(k)})} \tag{7.4}$$

を用いても計算できる. ただし, 記号 $(\boldsymbol{a}, \boldsymbol{b})$ はベクトル $\boldsymbol{a}$ と $\boldsymbol{b}$ の内積を表す. これは, 反復が収束すれば

$$\boldsymbol{x}^{(k+1)} = A\boldsymbol{x}^{(k)} = \lambda \boldsymbol{x}^{(k)}$$

となり, これを式 (7.4) の右辺に代入すると

$$\frac{(\boldsymbol{x}^{(k+1)}, \boldsymbol{x}^{(k+1)})}{(\boldsymbol{x}^{(k+1)}, \boldsymbol{x}^{(k)})} = \frac{(\lambda\boldsymbol{x}^{(k)}, \lambda\boldsymbol{x}^{(k)})}{(\lambda\boldsymbol{x}^{(k)}, \boldsymbol{x}^{(k)})} = \frac{\lambda^2(\boldsymbol{x}^{(k)}, \boldsymbol{x}^{(k)})}{\lambda(\boldsymbol{x}^{(k)}, \boldsymbol{x}^{(k)})} = \lambda$$

となるからである.

ベキ乗法のアルゴリズム

1. A, $\boldsymbol{x}^{(0)}$ を入力する.
2. $k = 0, 1, 2, \cdots$ に対して次の反復計算を行う.
   (1) $\boldsymbol{y}^{(k)} = A\boldsymbol{x}^{(k)}$, $\lambda = (\boldsymbol{y}^{(k)}, \boldsymbol{y}^{(k)})/(\boldsymbol{y}^{(k)}, \boldsymbol{x}^{(k)})$
   (2) $\boldsymbol{x}^{(k+1)} = \boldsymbol{y}^{(k)}/|\boldsymbol{y}^{(k)}|$
3. λ の値が収束すれば反復を終了する.

64　　　　　　　　　　　第 7 章　固有値

7.2　逆ベキ乗法

　次に最小固有値を求める方法について述べる.

　$A\boldsymbol{x} = \lambda\boldsymbol{x}$ の両辺に A の逆行列を左から掛けると $\boldsymbol{x} = A^{-1}A\boldsymbol{x} = \lambda A^{-1}\boldsymbol{x}$ より,

$$A^{-1}\boldsymbol{x} = \lambda^{-1}\boldsymbol{x} \tag{7.5}$$

となる. この式は A の固有値が λ のとき A^{-1} の固有値が λ^{-1} であることを示している. そこで A^{-1} の絶対値最大の固有値が求まれば, それと逆数関係にある A の固有値は, 絶対値が最小になる.

　A^{-1} の最大固有値を求めるために, 前節のベキ乗法 (7.2) を用いることにする. このとき, 適当な初期ベクトル $\boldsymbol{x}^{(0)}$ を与えて, 順に

$$\boldsymbol{x}^{(1)} = A^{-1}\boldsymbol{x}^{(0)}, \quad \boldsymbol{x}^{(2)} = A^{-1}\boldsymbol{x}^{(1)}, \quad \cdots, \quad \boldsymbol{x}^{(k+1)} = A^{-1}\boldsymbol{x}^{(k)} \tag{7.6}$$

を計算すればよい. しかし, 実際には逆行列 A^{-1} を計算するかわりに式 (7.6) と同値である連立 1 次方程式の組

$$A\boldsymbol{x}^{(1)} = \boldsymbol{x}^{(0)}, \quad A\boldsymbol{x}^{(2)} = \boldsymbol{x}^{(1)}, \quad \cdots, \quad A\boldsymbol{x}^{(k+1)} = \boldsymbol{x}^{(k)} \tag{7.7}$$

を, 左から順に解いていく. この場合, 係数 A が同じである連立 1 次方程式 $A\boldsymbol{x} = \boldsymbol{y}$ を, 右辺を変化させて順に解くことになる. したがって, 連立 1 次方程式の解法には 5.1 節で述べた LU 分解法を用いるのがよい. この手順により求まった $\boldsymbol{x}^{(k)}$ と $\boldsymbol{x}^{(k+1)}$ に対して, 同じ要素の比の絶対値の最大のものを $\lambda_j^{(k+1)}$ とし, それが式 (7.5) を満足したとき計算が終わる. 上に述べた方法を**逆ベキ乗法**とよんでいる.

逆ベキ乗法のアルゴリズム[†]

1. A, $\boldsymbol{x}^{(0)}$ を入力
2. A を LU 分解する.
3. $k = 0, 1, 2, \cdots$ に対して次の操作を行う.
   (1) 連立 1 次方程式 $LU\boldsymbol{y}^{(k)} = \boldsymbol{x}^{(k)}$ を解く.
   $$\lambda = (\boldsymbol{y}^{(k)}, \boldsymbol{x}^{(k)})/(\boldsymbol{y}^{(k)}, \boldsymbol{y}^{(k)})$$
   (2) $\boldsymbol{x}^{(k+1)} = \boldsymbol{y}^{(k)}/|\boldsymbol{y}^{(k)}|$
4. λ が収束すれば反復を終了する.

7.2 逆ベキ乗法 **65**

例1 次の行列の絶対値が最大および最小の固有値を求めよ.

$$A = \begin{bmatrix} 11 & 7 & -5 \\ 0 & 10 & -1 \\ 2 & 8 & 3 \end{bmatrix}$$

最大固有値をベキ乗法を用いて計算すると表 7.1 のようになり,最大固有値は $\lambda = 8.999991$(実際は 9)になる.最小固有値は A を LU 分解すれば

$$A = \begin{bmatrix} 1 & 0 & 0 \\ 0 & 1 & 0 \\ 2/11 & 37/55 & 1 \end{bmatrix} \begin{bmatrix} 11 & 7 & -5 \\ 0 & 10 & -1 \\ 0 & 0 & 252/22 \end{bmatrix}$$

となるため,この式を用いて上のアルゴリズムを実行すれば,表 7.2 のようにして最小固有値は $\lambda = 6.999990$(実際は 7)になる. □

表 **7.1** ベキ乗法

	y_1	y_2	y_3	λ	x_1	x_2	x_3
1	11.000000	7.000000	-5.000000	17.727273	0.787726	0.501280	-0.35805
2	7.948875	7.662429	-5.514085	12.611040	0.644098	0.620887	-0.44680
3	6.191466	7.143107	-5.181799	10.822003	0.574345	0.662623	-0.48068
			⋮				
108	5.196125	5.196172	-5.196141	8.999989	0.577348	0.577353	-0.57735
109	5.196128	5.196170	-5.196142	8.999990	0.577348	0.577353	-0.57735
110	5.196131	5.196168	-5.196143	8.999991	0.577348	0.577353	-0.57735

表 **7.2** 逆ベキ乗法

	y_1	y_2	y_3	λ	x_1	x_2	x_3
1	0.883960	-0.046524	-0.465242	10.363636	0.075397	-0.003968	-0.039683
2	0.241423	-0.130628	-0.961588	4.940691	0.032585	-0.017631	-0.129788
3	-0.230248	-0.158636	-0.960115	4.258914	-0.048028	-0.033090	-0.200271
			⋮				
86	-0.534524	-0.267259	-0.801783	6.999987	-0.076361	-0.038180	-0.114541
87	-0.534524	-0.267260	-0.801783	6.999988	-0.076361	-0.038180	-0.114541
88	-0.534524	-0.267260	-0.801783	6.999990	-0.076361	-0.038180	-0.114541

---

† このアルゴリズムは λ を求めるために,式 (7.4) を参照して $1/\lambda = (\boldsymbol{y}^{(k)}, \boldsymbol{y}^{(k)})/(\boldsymbol{y}^{(k)}, \boldsymbol{x}^{(k)})$ を用いている.

66　　　　　　　　　　第 7 章　固有値

7.3　ヤコビ法（1）

　ヤコビ法とは，固有値を求めたい行列に**基本回転行列**とよばれる行列を用いた変換を何度も施し，最終的に**対角行列**に変換する方法である．このとき最終的に得られる近似対角行列の対角成分がもとの行列の固有値になる．ヤコビ法が使えるのは**実対称行列**に限られるが，行列のすべての固有値と固有ベクトルが一度に求まる．ただし計算時間がかかるため，比較的サイズの小さい行列に用いられる方法である．

　n 次の実対称行列 A の固有値およびそれに対応する固有ベクトルをそれぞれ λ_i, $\boldsymbol{u}_i$ $(i = 1, 2, \cdots, n)$ とする．固有ベクトルを列とする行列を U，固有値を対角線上に並べた対角行列を Λ と書くことにする．すなわち，

$$U = [\boldsymbol{u}_1, \boldsymbol{u}_2, \cdots, \boldsymbol{u}_n], \quad \Lambda = \begin{bmatrix} \lambda_1 & & & 0 \\ & \lambda_2 & & \\ & & \ddots & \\ 0 & & & \lambda_n \end{bmatrix}$$

とする．このとき固有値と固有ベクトルの定義から

$$AU = U\Lambda \tag{7.8}$$

が成り立つ．式 (7.8) の両辺に左から U^{-1} を掛けると

$$U^{-1}AU = \Lambda \quad \text{したがって} \quad U^T AU = \Lambda \tag{7.9}$$

となる．ただし，A が実対称行列の場合には，U が**直交行列**（$U^{-1} = U^T$）になることを用いている．式 (7.8) は実対称行列の固有値と固有ベクトルを求めるためには，行列 A を対角化する直交行列 U を求めればよいことを示している．

　ヤコビ法では行列 A の非対角要素のなかで絶対値が最大のものに着目し，それを 0 にするような直交行列（基本回転行列）U_1 を求め，**直交変換** $U_1^T AU_1$ を施す．さらに得られた行列の非対角線要素の最大のものを 0 にするような直交行列 U_2 を求め同様に直交変換を行う．このような手続きを何度も繰り返して行列を対角行列に近づける．

　具体的には以下のようにする．n 次の実対称行列の非対角要素のなかで絶対値最大のものが $a_{pq}(p < q)$ であったとする．このとき U_1 として，(p, q)（p 行 q

列の要素という意味，以下同様），(q, p) 要素がそれぞれ $\sin\theta$，$-\sin\theta$，(p, p)
および (q, q) 要素が $\cos\theta$ で，他の要素については対角要素は 1，それ以外は 0
という行列をとる．この U_1 を用いて直交変換

$$A_1 = U_1^T A U_1 \tag{7.10}$$

を行えば，A_1 は n 次の対称行列となる．実際に積を計算すれば A_1 の (p, q) 要
素を b_{pq} として，

$$b_{pq} = (a_{pp} - a_{qq})\sin\theta\cos\theta + a_{pq}(\cos^2\theta - \sin^2\theta)$$

$$= \frac{1}{2}(a_{pp} - a_{qq})\sin 2\theta + a_{pq}\cos 2\theta \tag{7.11}$$

となる．したがって，

$$
\begin{array}{ll}
a_{pp} = a_{qq} \quad \text{のとき} & \cos 2\theta = 0 \\[2mm]
a_{pp} \neq a_{qq} \quad \text{のとき} & \tan 2\theta = \dfrac{2a_{pq}}{a_{qq} - a_{pp}}
\end{array}
\tag{7.12}
$$

とすれば，$b_{pq} = 0$ となる．

　結果として得られた A_1 に対して，非対角要素の絶対値最大のものを探し，式
(7.10) と同様の直交行列 U_2 による直交変換

$$A_2 = U_2^T A_1 U_2$$

を行い，絶対値最大の要素を 0 とする．このような手続きを m 回繰り返して全
ての非対角要素が 0 になった場合，

$$A_m = U_m^T A_{m-1} U_m = U_m^T (U_{m-1}^T A_{m-2} U_{m-1}) U_m$$

$$= U_m^T U_{m-1}^T \cdots U_1^T A U_1 U_2 \cdots U_m$$

$$= (U_1 U_2 \cdots U_m)^T A (U_1 U_2 \cdots U_m) \tag{7.13}$$

であるから，

$$\Lambda = A_m, \quad U = U_1 U_2 \cdots U_m \tag{7.14}$$

によって固有値および固有ベクトルを求めることができる．

　なお，直交変換を繰り返す過程でいったん 0 になった要素が 0 でなくなる可
能性があるが，非対角要素の 2 乗和が変換 (7.13) によって 0 に近づくことが証
明できるため（章末問題参照），固有値および固有ベクトルが求まる．

68　　　　　　　　第 7 章　固有値

7.4　ヤコビ法 (2)

直交変換 $A' = U^T A U$ による行列の要素の変化（変換後の要素を b_{ij} とする）を式の形で示すと次のようになる.

$$
\left.
\begin{aligned}
b_{pj} &= a_{pj} \cos\theta - a_{qj} \sin\theta \\
b_{qj} &= a_{pj} \sin\theta + a_{qj} \cos\theta \\
b_{ip} &= a_{ip} \cos\theta - a_{iq} \sin\theta \\
b_{iq} &= a_{ip} \sin\theta + a_{iq} \cos\theta \\
b_{ij} &= a_{ij}
\end{aligned}
\right\} \quad (i,\, j,\, \neq p,\, q)
$$

$$
b_{pp} = a_{pp} \cos^2\theta + a_{qq} \sin^2\theta - 2a_{pq} \sin\theta \cos\theta
$$

$$
b_{qq} = a_{pp} \sin^2\theta + a_{qq} \cos^2\theta + 2a_{pq} \sin\theta \cos\theta \tag{7.15}
$$

$$
b_{pq} = (a_{pp} - a_{qq}) \sin\theta \cos\theta + a_{pq}(\cos^2\theta - \sin^2\theta)
$$

$$
= \frac{1}{2}(a_{pp} - a_{qq}) \sin 2\theta + a_{pq} \cos 2\theta
$$

$$
b_{qp} = b_{pq}
$$

ヤコビ法をアルゴリズムの形にまとめると以下のようになる.

ヤコビ法のアルゴリズム

1. 対称行列 A を入力する.

2. 以下の反復を行う.

　2.1 絶対値が最大の大きさの成分を求め，それを a_{pq} とおく（$p < q$）.

　2.2 $a_{pp} \neq a_{qq}$ のとき $\theta = \dfrac{1}{2} \tan^{-1}\left(\dfrac{2a_{pq}}{a_{qq} - a_{pp}}\right)$，ただし $-\dfrac{\pi}{4} \leq \theta \leq \dfrac{\pi}{4}$

　　　$a_{pp} = a_{qq}$ のとき $\theta = \text{sign}\,(a_{pq}) \dfrac{\pi}{4}$　（sign は符号の意味）

　2.3 θ を用いて基本回転行列 $U(p,\, q)$ を構成する.

　2.4 式 (7.15) から $U^T A U$ を計算して，それを新たに A とする.

3. 収束すれば終了

具体例としてヤコビ法を用いて次の行列の固有値（厳密な固有値は $\lambda_1 = 1 + \sqrt{5} \fallingdotseq 3.23607$, $\lambda_2 = 1 - \sqrt{5} \fallingdotseq 1.23607$, $\lambda_3 = 1$）を求めてみる.

7.4 ヤコビ法 (2)

$$A = \begin{bmatrix} 1 & 2 & 1 \\ 2 & 1 & 0 \\ 1 & 0 & 1 \end{bmatrix}$$

行列 A の対角線より上の絶対値最大成分は $a_{12} = 2$ であるから，θ は式 (7.12) から $\theta = 0.785398$ $(= \pi/4)$ となる．したがって，基本回転行列は

$$U_1 = \begin{bmatrix} \cos\theta & \sin\theta & 0 \\ -\sin\theta & \cos\theta & 0 \\ 0 & 0 & 0 \end{bmatrix} = \begin{bmatrix} 0.70711 & 0.70711 & 0 \\ -0.70711 & 0.70711 & 0 \\ 0 & 0 & 0 \end{bmatrix}$$

となる．そこで

$$A^{(1)} = U_1^T A U_1 = \begin{bmatrix} 3.0000 & 0.0000 & 0.70711 \\ 0.0000 & -1.0000 & -0.70711 \\ 0.70711 & -0.70711 & 0.0000 \end{bmatrix}$$

となる．この行列の対角線より上の絶対値最大成分は a_{13} であり，$\theta = 0.307740$ となるため，

$$U_2 = \begin{bmatrix} \cos\theta & 0 & \sin\theta \\ 0 & 0 & 0 \\ -\sin\theta & 0 & \cos\theta \end{bmatrix} = \begin{bmatrix} 0.95302 & 0 & 0.30290 \\ 0 & 0 & 0 \\ -0.30290 & 0 & 0.95302 \end{bmatrix}$$

である．したがって，

$$A^{(2)} = U_2^T A^{(1)} U_2 = \begin{bmatrix} 3.0000 & 0.21419 & 0.67389 \\ 0.21419 & -1.22474 & 0.0000 \\ 0.67389 & 0.0000 & 1.22474 \end{bmatrix}$$

となる．同様にして計算を続ければ

$$A^{(7)} = \begin{bmatrix} 3.23607 & 0.0000 & 0.0000 \\ 0.0000 & -1.23607 & 0.0000 \\ 0.0000 & 0.0000 & 1.0000 \end{bmatrix}$$

となり，固有値として

$$\lambda_1 = 3.23607, \quad \lambda_2 = -1.23607, \quad \lambda_2 = 1.0000$$

が得られる．

第 7 章　固有値

第 7 章の章末問題

問 1　次の行列の最大固有値を求めよ.

$$\begin{bmatrix} 4 & 2 & 1 \\ 2 & 4 & 2 \\ 1 & 2 & 4 \end{bmatrix}$$

問 2　ヤコビ法を用いて次の対称行列の固有値をすべて求めよ.

$$\begin{bmatrix} 4 & 4 & 0 \\ 4 & 4 & 0 \\ 0 & 0 & 2 \end{bmatrix}$$

問 3　(1) 式 (7.13) において次の各式が成り立つことを示せ.

$$b_{pj}^2 + b_{qj}^2 = a_{pj}^2 + a_{qj}^2 \ (j \neq p, q), \quad b_{ip}^2 + b_{iq}^2 = a_{ip}^2 + a_{iq}^2 \ (i \neq p, q)$$

$$b_{ij}^2 = a_{ij}^2 \ (i, j \neq p, q), \quad b_{pp}^2 + b_{qq}^2 + 2b_{pq}^2 = a_{pp}^2 + a_{qq}^2 + 2a_{pq}^2$$

(2) $b_{pq}^2 = 0$ を満たす変換により A が A' になったとき, A' の非対角要素の 2 乗和が A の非対角要素の 2 乗和以下になることを示せ.

コラム　固有値

　行列の固有値はいろいろなところで利用される重要な量であるが, ここでは量子力学を例にとってみよう. 物質は原子やその集まりである分子からできているが, 物質の性質は陽子のまわりをまわっている電子の状態に深くかかわっている. 量子力学の教えるところによると, 電子は粒子でもあり波でもある. ここで電子をある波長をもった波として見たとき, 電子の軌道は任意にとることはできない. すなわち, 軌道の長さがちょうど電子の波長の整数倍でないと波は干渉して消えてしまう. こういった電子の状態を記述する方程式がシュレーディンガー方程式であり, 電子の軌道（エネルギー状態）は電子の波がうまくおさまるという条件のもとでのシュレーディンガー方程式の解から決まることになる. これは数学的にいえばシュレーディンガー方程式という偏微分方程式の固有値を求めることに対応する. コンピュータで偏微分方程式を解くということは, それを近似する連立 1 次方程式を解くということなので, 結局, 行列の固有値問題に帰着される.

第8章
関数の近似その1

　ある入力データ x に対する出力データ y が離散的に与えられた場合，x と y の間の関係を推定することがしばしば必要になる．このとき，これらの点を通る関数 $y = f(x)$ の形を決められれば便利である．なぜなら，こういった関数が推定できれば，連続的な x の値に対する y の値を決めることができるからである．このような目的に使われる方法を補間法とよぶ．補間法にはいろいろな種類があるが，本章では，いろいろな補間法の基礎になるラグランジュ補間法など多項式を用いた補間法をいくつか紹介する．

●本章の内容●
ラグランジュ補間法（1）
ラグランジュ補間法（2）
エルミート補間法
直交多項式による補間法

72　　　　　　　第 8 章　関数の近似その 1

8.1　ラグランジュ補間法（1）

たとえば (x, y) の組として $(1.6, 2.7)$, $(3.2, 1.5)$ という 2 組のデータがあったとして，$x = 2.0$ に対応する y の値を推定したいとする．そのひとつの方法として，2 点を通る直線は一通りに決まるため，x, y の間に直線関係を仮定して直線を定めた上で，求めたい x を代入する方法がある．具体的には 2 点 $(1.6, 2.7)$, $(3.2, 1.5)$ を通る直線は

$$y = -0.75x + 3.9$$

であるから，この式に $x = 2.0$ を代入して $y = 2.4$ となる．

次に別の情報としてもう 1 点 $(5.0, 2.7)$ が加わったとする．このときは 3 点を通る放物線は一通りに決まるため，その放物線を決めた上で x の値を代入すればよい．具体的には上記の 3 点を通る放物線は

$$y = (5/12)x^2 - (11/4)x + 181/30$$

であるため，この式に $x = 2.0$ を代入して今度は $y = 2.2$ となる．

2 点では 1 次式，3 点では 2 次式であることからも類推されるが，$n + 1$ 点における情報があればそれを通る n 次多項式が一通りに決まる．このようにわかっている点を通る最高次の多項式を用いて補間する方法を**ラグランジュ補間法**とよんでいる．

それでは具体的にラグランジュ補間法を式の形で表してみよう．すなわち，$n + 1$ 個の点 (x_0, f_0), (x_1, f_1), $\cdots$, (x_n, f_n) を通る n 次多項式を求める．それには**ラグランジュの補間多項式**とよばれる次の n 次式を利用する：

$$l_j(x) = \frac{(x - x_0)(x - x_1) \cdots (x - x_{j-1})(x - x_{j+1}) \cdots (x - x_n)}{(x_j - x_0)(x_j - x_1) \cdots (x_j - x_{j-1})(x_j - x_{j+1}) \cdots (x_j - x_n)} \tag{8.1}$$

ただし，$j = 0, 1, \cdots, n$ である．この多項式は

$$l_j(x_k) = \delta_{jk} \tag{8.2}$$

という性質をもっていることは，式 (8.1) に x_k を代入することにより，ただちに確かめることができる．ここで δ_{jk} は**クロネッカーのデルタ**とよばれ，

$$\delta_{jk} = \begin{cases} 1 & (j = k) \\ 0 & (j \neq k) \end{cases}$$

8.1 ラグランジュ補間法 (1)

で定義される.

ラグランジュの補間多項式を用いれば求める補間式は

$$P_n(x) = \sum_{j=0}^{n} f_j l_j(x) \tag{8.3}$$

で与えられる. なぜなら, $k = 0, 1 \cdots, n$ に対して

$$P_n(x_k) = \sum_{j=0}^{n} f_j l_j(x_k) = \sum_{j=0}^{n} f_j \delta_{jk}$$

$$= f_0 \delta_{0k} + \cdots + f_k \delta_{kk} + \cdots + f_n \delta_{nk} = f_k$$

が成り立つからである.

ラグランジュ補間法のアルゴリズム

1. n, x の値および $i = 0, 1, \cdots, n$ に対して (x_i, f_i) を入力する.

2. $j = 0, 1, \cdots, n$ に対して次の計算を行う.

$$l_j = \frac{(x - x_0)(x - x_1) \cdots (x - x_{j-1})(x - x_{j+1}) \cdots (x - x_n)}{(x_j - x_0)(x_j - x_1) \cdots (x_j - x_{j-1})(x_j - x_{j+1}) \cdots (x_j - x_n)}$$

3. $P_n(x) = f_0 l_0 + f_1 l_1 + \cdots + f_n l_n$ を計算する.

例1 2 点 (x_0, f_0), (x_1, f_1) を通る 1 次式

ラグランジュの補間多項式を用いれば次のようになる.

$$P_1(x) = f_0 \frac{x - x_1}{x_0 - x_1} + f_1 \frac{x - x_0}{x_1 - x_0}$$

☐

例2 3 点 (x_0, y_0), (x_1, y_1), (x_2, y_2) を通る 2 次式

ラグランジュの補間多項式を用いれば次のようになる.

$$P_2(x) = f_0 \frac{(x - x_1)(x - x_2)}{(x_0 - x_1)(x_0 - x_2)} + f_1 \frac{(x - x_0)(x - x_2)}{(x_1 - x_0)(x_1 - x_2)} + f_2 \frac{(x - x_0)(x - x_1)}{(x_2 - x_0)(x_2 - x_1)}$$

☐

74　　　　　　第 8 章　関数の近似その 1

8.2　ラグランジュ補間法（2）

ラグランジュ補間法に対して次式が成り立つ.

$$f(x) - P_n(x) = \frac{(x - x_0)(x - x_1)\cdots(x - x_n)}{(n+1)!} f^{(n+1)}(\xi) \tag{8.4}$$

ここで ξ は $x_0 < \xi < x_n$ の範囲内の x に依存する数である（$x_0 < x_1 < \cdots < x_n$ としている）. この式は**ラグランジュ補間法の誤差の見積りに役立つ**.

式 (8.4) は次のようにして示すことができる. まず

$$f(x) - P_n(x) = \pi(x)G(x) \quad (ただし \pi(x) = (x - x_0)(x - x_1)\cdots(x - x_n))$$

とおくと, 以下のように $G(x)$ は点 $x = x_k$ で有限確定である.

$$\lim_{x \to x_k} G(x) = \lim_{x \to x_k} \frac{f(x) - P_n(x)}{\pi(x)} = \lim_{x \to x_k} \frac{f'(x) - P_n'(x)}{\pi'(x)} = \frac{f'(x_k) - P_n'(x_k)}{\pi'(x_k)}$$

いま $F(z) = f(z) - P_n(z) - \pi(z)G(x)$ とおけば F は $z = x_0, \cdots, x_n$ および $z = x$ の $n+2$ 点で 0 になる. したがって, F' は少なくとも $n+1$ 点で 0 になり（ロルの定理）, 同様に続ければ $F^{(n+1)}$ は少なくとも 1 点（$= \xi$）で 0 になる. F を z で $n+1$ 回微分すると, P_n は n 次式なので消えるため,

$$0 = F^{(n+1)}(\xi) = f^{(n+1)}(\xi) - \pi^{(n+1)}(\xi)G(x) = f^{(n+1)}(\xi) - (n+1)!\,G(x)$$

となる. この式から G を求めれば式 (8.4) が成り立つことがわかる.

関数 $f(x) = \sin x$ を例に用いて実際にラグランジュ補間法を適用してみよう. ここでは 3 点 $x_0 = 0$, $x_1 = 0.1$, $x_2 = 0.2$ での関数値 $f_0 = 0.0$, $f_1 = 0.098334$, $f_2 = 0.198669$ を用いて $x = 0.15$ での関数値（$\sin(0.15) = 0.149438$）をラグランジュ補間法を用いて推定する. このとき多項式の値は

$$l_0(0.15) = \frac{(0.15 - 0.1)(0.15 - 0.2)}{(0 - 0.1)(0 - 0.2)} = -0.125$$

$$l_1(0.15) = \frac{(0.15 - 0)(0.15 - 0.2)}{(0.1 - 0)(0.1 - 0.2)} = 0.75$$

$$l_2(0.15) = \frac{(0.15 - 0)(0.15 - 0.1)}{(0.2 - 0)(0.2 - 0.1)} = 0.375$$

となり, 関数値は

$$f(0.15) = 0 \times (-0.125) + 0.75 \times 0.098334 + 0.375 \times 0.198669 = 0.149376$$

8.2 ラグランジュ補間法 (2)

となる．誤差の評価に関しては上の例では式 (8.4) は

$$|f(x) - P_2(x)| = \left|\frac{(x-x_0)(x-x_1)(x-x_2)}{6}\sin\xi\right|$$

$$\leq \frac{|\sin\xi|}{6}\frac{|x_2-x_0|^3}{2} \leq \frac{(0.2)^3}{12}$$

となるため，最大限 0.000667（$\sin 0.2 \fallingdotseq 0.2$ を用いれば 0.00013）である．

よく知られているように一般に n 次多項式は $n-1$ 個の点で極値をとるため n が大きいときそれを図示すればかなり凹凸が激しくなる．したがって，n が大きいときラグランジュ補間法は必ずしもよい方法とはいえない．そのような場合には $n+1$ 個の点を一度に多項式で結ばず，いくつかの組に分けて，各組で低次のラグランジュ補間法を使う方がよい結果を与えることが多い．

例1 ラグランジュ補間法が適さない例

ラグランジュ補間法が適さない例を図 8.1 に示す．これは

$$f(x) = (1+10x^8)^{-1}$$

を 3 次および 6 次の多項式で補間したものであるが，次数が大きいほど凹凸が大きくなりもとの関数との差が大きくなっている[†]．　　　　□

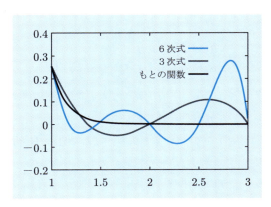

図 8.1　ラグランジュ補間法が適さない例

[†] この関数 $f(x)$ は $x \to \pm\infty$ のとき 0 になるが，多項式は $x \to \pm\infty$ のとき $\pm\infty$ になることからも多項式の近似が適さないと予測できる．

8.3 エルミート補間法

ラグランジュ補間法とは，相異なる $n+1$ 個の点 $x_0, x_1, \cdots, x_n$ において関数値 $f_0, f_1, \cdots, f_n$ が与えられたとき，この関数を，これらの点を通る n 次多項式で補間する方法であった．本節で取り上げる**エルミート補間法**とは，これら $n+1$ 個の点において，関数値だけではなく導関数値 $f_0', f_1', \cdots, f_n'$ も与えられたとき，関数値および導関数値が一致するような多項式を求め，それを用いて補間する方法である．このとき条件は $2n+2$ 個あるため，求める多項式は $2n+1$ 次式であると予想できる．

いま条件を満足する多項式を

$$H_n(x) = \sum_{k=0}^{n} f_k h_k(x) + \sum_{k=0}^{n} f_k' g_k(x) \tag{8.5}$$

と書いたとき，その導関数は

$$H_n'(x) = \sum_{k=0}^{n} f_k' h_k(x) + \sum_{k=0}^{n} f_k' g_k'(x) \tag{8.6}$$

であるため，$h_k(x)$ と $g_k(x)$ は次の条件を満足する $2n+1$ 次多項式であればよい．

$$\left.\begin{array}{l} h_k(x_i) = \delta_{ki} \\ h_k'(x_i) = 0 \ (\text{すべての } i,\, k) \end{array}\right\} \tag{8.7}$$

$$\left.\begin{array}{l} g_k(x_i) = 0 \ (\text{すべての } i,\, k) \\ g_k'(x_i) = \delta_{ki} \end{array}\right\} \tag{8.8}$$

ただし，δ_{ki} はクロネッカーのデルタである．このことは $H_n(x)$ に x_i を代入すれば f_i となり，$H_n'(x)$ に x_i を代入すれば f_i' となることから示すことができる．

次の例で確かめるように条件 (8.7)，(8.8) を満足する多項式は

$$h_k(x) = \{l_k(x)\}^2 \{1 - 2(x - x_k) l_k'(x_k)\} \tag{8.9}$$

$$g_k(x) = (x - x_k)\{l_k(x)\}^2 \tag{8.10}$$

である．ただし $l_k(x)$ はラグランジュの補間多項式である．

8.3 エルミート補間法 **77**

例1 式 (8.9), (8.10) が式 (8.7), (8.8) を満たすこと

ここでは式 (8.9) がすべての i, k に対して $h_k'(x_i) = 0$ を満たすことだけを示すが，他の式についても同様にできる．

$$h_k'(x) = 2l_k(x)l_k'(x)\{1 - 2(x - x_k)l_k'(x_k)\} + \{l_k(x)\}^2\{-2l_k'(x_k)\}$$

であるから，$k \neq i$ のとき式 (8.2) から $h_k'(x_i) = 0$ となる．また $k = i$ のときは

$$h_k'(x_k) = 2l_k(x_k)l_k'(x_k) - 2\{l_k(x_k)\}^2 l_k'(x_k) = 2l_k'(x_k) - 2l_k'(x_k) = 0 \qquad \square$$

エルミート補間法のアルゴリズム

1. n, x, (x_k, f_k) （ただし $k = 0, 1, \cdots, n$）を入力する．

2. $k = 0, 1, \cdots, n$ に対して次の計算を行う．

$$l_k = \frac{(x - x_0)(x - x_1)\cdots(x - x_{k-1})(x - x_{k+1})\cdots(x - x_n)}{(x_k - x_0)(x_k - x_1)\cdots(x_k - x_{k-1})(x_k - x_{k+1})\cdots(x_k - x_n)}$$

$$d_k = \sum_{j \neq k} \frac{1}{x_k - x_j}$$

$$= \frac{1}{x_k - x_0} + \cdots + \frac{1}{x_k - x_{k-1}} + \frac{1}{x_k - x_{k+1}} + \cdots + \frac{1}{x_k - x_n}$$

$$h_k = l_k^2(1 - 2(x - x_k)d_k), \quad g_k = (x - x_k)l_k^2$$

3. $H_n(x) = f_0 h_0 + f_1 h_1 + \cdots + f_n h_n + f_0' g_0 + f_1' g_1 + \cdots + f_n' g_n$ を計算する．

なおエルミート補間法に対して

$$f(x) - H_n(x) = \frac{\left((x - x_0)(x - x_1)\cdots(x - x_n)\right)^2}{(2n + 2)!} f^{(2n+2)}(\xi)$$

が成り立つ．ここで ξ は $x_0 < \xi < x_n$ の範囲内にある x に依存する数である．この式は**エルミート補間法の誤差**の見積りに役立つ．たとえば，関数 $f(x) = \sin x$ を 4 点 $x_0 = 0$, $x_1 = 0.1$, $x_2 = 0.2$ での関数値および導関数値を用いて $x = 0.15$ における関数値を推定した場合の誤差は

$$|f(x) - H_1(x)| = \frac{|(x - x_0)(x - x_1)(x - x_2)|^2}{4!}|\sin \xi| \leq \frac{|x_2 - x_0|^6}{4!} = \frac{(0.2)^6}{96}$$

となるため，10^{-6} 以下であることがわかる．

8.4 直交多項式による補間法

整数 n で区別される一連の関数 $\varphi_n(x)$ を**関数列**という．代表的なものに x^n や $\sin n\pi x$ などがある．特に関数列を構成する関数 $\varphi_n(x)$ が，$\rho(x)$ を適当な関数として

$$\int_a^b \rho(x)\varphi_m(x)\varphi_n(x)dx = A\delta_{mn} \quad (A は 0 でない定数) \tag{8.11}$$

（δ_{mn} は 8.1 節で述べたクロネッカーのデルタ）を満たすとき，その関数列を**直交関数列**とよび，関数 $\varphi_n(x)$ は区間 $[a, b]$ において**重み関数**を $\rho(x)$ として**直交する**という．たとえば，$\sin n\pi x$ は区間 $[0, 1]$ において重み関数を 1 として直交する．

直交関数列が多項式の場合を**直交多項式**とよび，代表的なものに，

$$P_n(x) = \frac{1}{2^n n!}\frac{d^n(x^2-1)^n}{dx^n}, \quad T_n(x) = \cos\left(n\cos^{-1}x\right) \tag{8.12}$$

などがある．これらは，それぞれ**ルジャンドルの多項式**と**チェビシェフの多項式**とよばれる．ルジャンドルの多項式は区間 $[-1, 1]$ において重み関数を 1 として直交し，チェビシェフの多項式は区間 $[-1, 1]$ において重み関数を $1/\sqrt{1-x^2}$ として直交することが知られている．また，$P_n(x)$ と $T_n(x)$ はそれぞれ n 次の多項式であり，区間 $[-1, 1]$ において n 個の 0 点をもつ（すなわち n 回 x 軸と交わる）．

このような直交関数を用いて補間する方法があり，精度が非常に高いことが知られている．ただし，ラグランジュ補間法のように補間点 $(x_i, f(x_i))$ を自由に選ぶことができず，直交多項式の 0 点を用いる必要がある．いいかえれば，そのような点で関数値が与えられていないと補間できないことになる[†]．

ルジャンドルの多項式やチェビシェフの多項式を用いて補間する場合は，まず近似式を求める区間 $X = [a, b]$ を $x = [-1, 1]$ に変換する．これは

$$x = \frac{2}{b-a}\left(X - \frac{a+b}{2}\right)$$

という変数変換により可能である．そして，以下の公式によって補間する．

8.4 直交多項式による補間法 **79**

$$f_n^P(x) = \sum_{k=0}^{n-1} c_k P_k(x), \quad c_k = \frac{1}{\lambda_k} \sum_{i=1}^{n} w_i P_k(x_i) f(x_i) \tag{8.13}$$

$$\text{ただし,} \quad \lambda_k = \frac{2}{2k+1}, \quad w_i = \left[\sum_{k=0}^{n-1} \frac{1}{\lambda_k} (P_k(x_i))^2 \right]^{-1} \tag{8.14}$$

$$f_n^T(x) = \sum_{k=0}^{n-1} c_k T_k(x); \quad c_k = \frac{1}{\lambda_k} \sum_{i=1}^{n} w_i T_k(x_i) f(x_i) \tag{8.15}$$

$$\text{ただし,} \quad \lambda_k = \pi/2 \ (k \neq 0) \quad \lambda_k = \pi \ (k = 0); \quad w_i = \pi/n \tag{8.16}$$

ここで，x_i は各直交多項式の 0 点であり，特にチェビシェフ補間の場合には

$$x_i = \cos \pi \, (2i - 1)/(2n) \ (i = 1, \, 2, \, \cdots, \, n)$$

である．また，ルジャンドル補間の場合には表の形で与えられる（11 章参照）．

　これらの公式を導くためには多くの準備が必要となるため省略するが，式 (8.13)，(8.15) の第 1 式が，$f(x)$ をルジャンドル多項式やチェビシェフ多項式で展開した式を途中で打ち切った式と考えればある程度理解できる．その場合の展開係数 c_k は直交関係式 (8.11) を利用して計算するが，積分の計算が必要になる．その積分を和で近似したものが式 (8.13)，(8.15) の第 2 式に関係する．なお，チェビシェフ多項式の場合は，上記の積分において $x = \cos \theta$ という置き換えを行う．

例1 ルジャンドルの多項式

　ルジャンドルの多項式は式 (8.12) から計算できる．具体的に低次の場合は以下のようになる．

$$\begin{aligned}
&P_0 = 1, \quad P_1 = x \ (根：x = 0) \\
&P_2 = (3x^2 - 1)/2 \ (根：x = \pm 1/\sqrt{3}) \\
&P_3 = (5x^3 - 3x)/2 \ (根：x = \pm\sqrt{3/5}, \ 0) \\
&P_4 = (35x^4 - 30x^2 + 3)/8 \ (根：\pm 0.861136312, \ \pm 0.339981044)
\end{aligned} \tag{8.17}$$

$\square$

---

† 補間法の応用の仕方によってはこのような制限があっても困らないことがある．たとえば後述の数値積分への応用がその一例である．

80　　　　　　　　第 8 章　関数の近似その 1

第 8 章の章末問題

問 1　次のようなデータ（$f = e^x$ の値）が与えられているとき，$x = 1.5$ の推定値をラグランジュ補間法で求めよ．

$$(x, f) = (0, 1),\ (0.1, 1.105171),\ (0.2, 1.221403)$$

問 2　2 点 x_1, x_2 における $f(x)$ の関数値を f_1, f_2，導関数値を f_1', f_2' とする．このときこの 2 点から決まるエルミートの補間多項式を具体的に書き下せ．

問 3　次のようなデータ（$f = e^x$ の値）が与えられているとき，$x = 1.5$ の推定値をエルミート補間法で求めよ．

$$(x, f, f') = (0, 1, 1),\ (0.1, 1.105171, 1.105171),\ (0.2, 1.221403, 1.221403)$$

問 4　式 (8.12) を用いてチェビシェフの多項式を計算すれば次のようになることを示せ．

$$T_0(x) = 1,\quad T_1(x) = x,\quad T_2(x) = 2x^2 - 1,\quad T_3(x) = 4x^3 - 3x$$
$$T_4(x) = 8x^4 - 8x^2 + 1,\quad T_5(x) = 16x^5 - 20x^3 + 5x$$

コラム　科学技術と数値計算その 2

　1 章のコラムでご登場いただいた川口先生以上に計算で多くの時間をつぶした著名な科学者にケプラーがいる．ケプラーは師のティコ・ブラーエの残した膨大な天体観測の結果を詳細に調べ，面積速度が一定であるなど惑星の運動の法則を導いた．そして，この法則が万有引力の法則などニュートンの偉大な業績の基礎になった．ところで，ケプラーの計算の大部分が掛け算と割り算であった．筆算で掛け算や割り算を行った経験のない人はいないと思うが，それが人間にとってどれだけ退屈で間違いやすいものかということも実感されていると思う．一方，ケプラーの時代に，ネピアによって対数による計算法が発見された．$\log xy = \log x + \log y$，$\log x/y = \log x - \log y$ から明らかなように対数の世界では積と商は和と差になる．したがって，いろいろな数の対数の値を計算して表にまとめておけば，たとえば x/y を計算するかわりに，$\log x$ と $\log y$ を表から求めてその差をとり，今度は表を逆に使って差の値に対応するもとの値を求めれば計算は完了する．（値が表の数値と一致しなければ近くの値から補間する）．このように積や商の計算が和と差の計算ですむことを知ったケプラーは「この方法をもっと早く知っていれば人生の半分は得をしたのに」と嘆いたそうである．さて，もしケプラーが現代に生きていてコンピュータを見たらなんといったであろうか．

第9章
関数の近似その2

　多くの点を通る多項式を用いた補間法では曲線の凹凸が多くなってかえって不自然になることがある．このことを避けるために，区間に分けて別々の式で補間するという考え方がある．そのとき，区間のつなぎ目でなるべく滑らかにつながるようにする．本章ではまずこのような方法の代表例であるスプライン補間法を紹介する．一方，もとのデータに誤差が含まれているときは，それらのデータを正確に通る曲線を決めてもあまり意味がなく，むしろデータをもっともよく表すような簡単な関数（実験式）を推定する．本章の後半ではその代表例である最小2乗法を紹介する．

●本章の内容●
スプライン補間法
スプライン補間法の特徴
最小2乗法（1）
最小2乗法（2）

第 9 章 関数の近似その 2

9.1 スプライン補間法

8.2 節でも述べたが，多くの点を通る補間式を求める場合，ひとつの式で表現しようとすると無理が生じてかえって悪い結果になることがある．そこで一度につなぐことはやめて，小区間に分けてそれらをうまくつなぎあわせるという考え方がある．もっとも単純には 2 点ずつの組に分けて，1 次式でつなぐという方法（いいかえれば**折れ線近似**）が考えられる．ただし，1 次式の場合にはつなぎ目で 1 階導関数は不連続になる．

本節で紹介する**スプライン補間法**もこのような考え方で補間式を構成するが，つなぎ目ではなるべく高階の導関数まで連続になるようにする．スプライン補間法にはいくつかの種類があるが，よく用いられるものに **3 次のスプライン**がある．これは補間する点をとなり合う 2 点ずつにわけて，その 2 点を 3 次の多項式 $s(x)$ で結ぶ．ただし，2 点を通る 3 次式はいくらでもあるため，次のような条件を課す．

> Ｉ．求める関数 $s(x)$ は各区間 $[x_k, x_{k+1}]$ $(k = 0, 1, \cdots, n-1)$ で 3 次式
> Ⅱ．$s(x_k) = f(x_k)(= f_k)$ $(k = 0, 1, \cdots, n)$
> Ⅲ．$s(x),\ s'(x),\ s''(x)$ が考えている区間 $[a, b]$ で連続

それではスプライン補間法を式で表してみよう．求める多項式 $s(x)$ は 3 次式なので，2 階微分すると 1 次式になる．そこで，考えている区間 $[x_k, x_{k+1}]$ の両端での未知の s'' の値を s''_k，s''_{k+1} と記せば，$s''(x)$ は

$$s''(x) = \frac{x_{k+1} - x}{x_{k+1} - x_k} s''_k + \frac{x - x_k}{x_{k+1} - x_k} s''_{k+1} \ (x_k \le x \le x_{k+1})$$

と書ける．この式を 2 回積分して，$s(x_k) = f_k$ および $s(x_{k+1}) = f_{k+1}$ となるように積分定数を決めれば，$x_k \le x \le x_{k+1}$ において次式を得る．

$$
\begin{aligned}
s(x) =\ & \frac{(x_{k+1} - x)^3}{6(x_{k+1} - x_k)} s''_k + \frac{(x - x_k)^3}{6(x_{k+1} - x_k)} s''_{k+1} \\
& + \left(\frac{1}{x_{k+1} - x_k} f_k - \frac{x_{k+1} - x_k}{6} s''_k \right) (x_{k+1} - x) \\
& + \left(\frac{1}{x_{k+1} - x_k} f_{k+1} - \frac{x_{k+1} - x_k}{6} s''_{k+1} \right) (x - x_k)
\end{aligned}
\tag{9.1}
$$

次に式 (9.1) を 1 回微分して $x = x_k$ とおけば, $x_k \le x \le x_{k+1}$ で

$$s'_k = -\frac{x_{k+1} - x_k}{6}(2s''_k + s''_{k+1}) + \frac{1}{x_{k+1} - x_k}(f_{k+1} - f_k) \tag{9.2}$$

となる. となりの区間 $x_{k-1} \le x \le x_k$ でも同様に計算して $x = x_k$ とおけば

$$s'_k = \frac{x_k - x_{k-1}}{6}(2s''_k + s''_{k-1}) + \frac{1}{x_k - x_{k-1}}(f_k - f_{k-1}) \tag{9.3}$$

となるが, 3 番目の仮定から式 (9.2) と式 (9.3) は等しいから, 次式を得る.

$$(x_k - x_{k-1})s''_{k-1} + 2(x_{k+1} - x_{k-1})s''_k + (x_{k+1} - x_k)s''_{k+1}$$
$$= 6\left(\frac{f_{k+1} - f_k}{x_{k+1} - x_k} - \frac{f_k - f_{k-1}}{x_k - x_{k-1}}\right) \tag{9.4}$$

この方程式が $k = 1, \cdots, n-1$ の各点で成り立つため, 式 (9.4) は未知数 $s''_0, s''_1, \cdots, s''_n$ に対する連立 1 次方程式 (3 項方程式) になっている. しかし, 未知数の個数が方程式の個数より 2 個多いため, 解は一通りには決まらない. そこで, 解を一意に決めるため, 新たな条件

$$s''_0 = 0, \quad s''_n = 0 \tag{9.5}$$

を課すことにする. このようなスプラインを**自然なスプライン**とよんでいる.

3次のスプラインのアルゴリズム

1. データ n, x, (x_k, f_k) $(k = 0, 1, \cdots, n)$ を入力する.

2. 次の連立 1 次方程式を立てる $(k = 1, 2, \cdots, n-1)$
$$(x_k - x_{k-1})\sigma_{k-1} + 2(x_{k+1} - x_{k-1})\sigma_k + (x_{k+1} - x_k)\sigma_{k+1}$$
$$= 6\{(f_{k+1} - f_k)/(x_{k+1} - x_k) - (f_k - f_{k-1})/(x_k - x_{k-1})\}$$

3. 境界条件を課す ($\sigma_0 = \sigma_n = 0$ のとき自然なスプライン)

4. 連立 1 次方程式を解いて σ_k を求める.

5. $s_k(x) = \{\sigma_{k+1}(x - x_k)^3 - \sigma_k(x - x_{k+1})^3\}/6h_k$
$$+ (f_{k+1}/h_k - h_k\sigma_{k+1}/6)\,(x - x_k)$$
$$- (f_k/h_k - h_k\sigma_k/6)\,(x - x_{k+1})$$

ただし, $h_k = x_{k+1} - x_k$ $(k = 1, 2, \cdots, n-1)$

9.2 スプライン補間法の特徴

3次のスプラインには次の性質がある：

点 $x_0, x_1, \cdots, x_n$ において関数 $f(x)$ を補間する（3次の）自然なスプラインを $s(x)$，他の任意の補間関数を $g(x)$ とするとき

$$\int_a^b \{s''(x)\}^2 dx \leq \int_a^b \{g''(x)\}^2 dx \tag{9.6}$$

が成り立つ．

曲線 $y = f(x)$ の**曲率**は $f''/(1+(f')^2)^{3/2} \fallingdotseq f''$ であるから，式 (9.6) の積分はおよそ曲率の2乗和を意味している．したがって自然なスプラインは式 (9.6) の意味で曲率の2乗和が最小の曲線，いいかえれば最も滑らかな曲線であるといえる．なお，式 (9.6) の証明は次のようにする．

$$\int_a^b \{g''(x)\}^2 dx = \int_a^b \{s'' + (g'' - s'')\}^2 dx$$

$$= \int_a^b (s'')^2 dx + \int_a^b (g'' - s'')^2 dx + 2 \int_a^b s''(g'' - s'') dx$$

となるため，もし上式で最右辺の第3項が0であることが証明できれば第2項は被積分関数が正であり，積分値も正となるため，式 (9.6) が証明できる．

以下，第3項が0であることを示す．

$$\int_a^b (g'' - s'') s'' dx = \sum_{k=0}^{n-1} \int_{x_k}^{x_{k+1}} (g'' - s'') s'' dx$$

$$= \left[(g' - s') s''\right]_a^b - \sum_{k=0}^{n-1} \int_{x_k}^{x_{k+1}} (g' - s') s^{(3)} dx$$

であるが，$s(x)$ は自然なスプラインであり $s''(a) = s''(b) = 0$ であるから

$$\left[(g' - s') s''\right]_a^b = \{g'(b) - s'(b)\} s''(b) - \{g'(a) - s'(a)\} s''(a) = 0$$

となる．また $s(x)$ は3次式であり $s^{(3)}$ は定数となるから右辺第2項は

$$s^{(3)} \int_{x_k}^{x_{k+1}} (g' - s') dx = s^{(3)} \left[g - s\right]_{x_k}^{x_{k+1}}$$

$$= s^{(3)}\{g(x_{k+1}) - s(x_{k+1})\} - s^{(3)}\{g(x_k) - s(x_k)\} = 0$$

であるため，この積分も 0 である．

このように 3 次のスプラインは非常に滑らかな関数であるため，逆に特定の点のまわりに大きな曲率をもたせたい場合には使えない．このような目的のためには張力スプラインが使われる．これは 3 次のスプラインと 1 次のラグランジュ補間法を結びつけたもので，区間 $[x_k, x_{k+1}]$ ごとに次式で定義される．

$$s''(x) - \sigma^2 s(x) = \frac{x_{k+1} - x}{x_{k+1} - x_k}(s_k'' - \sigma^2 f_k) + \frac{x - x_k}{x_{k+1} - x_k}(s_{k+1}'' - \sigma^2 f_{k+1}) \quad (9.7)$$

ここで σ^2 は定数である．この式から σ^2 が小さければ式 (9.7) は 3 次のスプラインに近づき，σ^2 が大きければ 1 次のラグランジュ補間法に近づく．

定数係数 2 階線形微分方程式である式 (9.7) を解き，$s(x_i) = f_i$，$s(x_{i+1}) = f_{i+1}$ となるように任意定数を決めると，区間 $[x_i, x_{i+1}]$ において

$$s(x) = \frac{1}{\sigma^2}\frac{\sinh[\sigma(x_{k+1} - x)]}{\sinh[\sigma(x_{k+1} - x_k)]}s_k'' + \frac{1}{\sigma^2}\frac{\sinh[\sigma(x - x_k)]}{\sinh[\sigma(x_{k+1} - x_k)]}s_{k+1}''$$

$$+ \left(f_k - \frac{1}{\sigma^2}s_k''\right)\frac{x_{k+1} - x}{x_{k+1} - x_k} + \left(f_{k+1} - \frac{1}{\sigma^2}s_{k+1}''\right)\frac{x - x_k}{x_{k+1} - x_k} \quad (9.8)$$

となる．次にとなり合った区間 $[x_{k-1}, x_k]$ においても式 (9.8) に対応する式をつくり，両端の点を除き $x = x_k$ において連続につながることを式で書けば，

$$\left\{\frac{1}{x_k - x_{k-1}} - \frac{\sigma}{\sinh(\sigma(x_k - x_{k-1}))}\right\}s_{k-1}''$$

$$+ \left\{\frac{1}{x_{k+1} - x_k} - \frac{\sigma}{\sinh(\sigma(x_{k+1} - x_k))}\right\}s_{k+1}''$$

$$+ \left\{\frac{\sigma}{\tanh(\sigma(x_k - x_{k-1}))} - \frac{1}{x_k - x_{k-1}} + \frac{\sigma}{\tanh(\sigma(x_{k+1} - x_k))} - \frac{1}{x_{k+1} - x_k}\right\}s_k''$$

$$= \sigma^2\left(\frac{f_{k+1} - f_k}{x_{k+1} - x_k} - \frac{f_k - f_{k-1}}{x_k - x_{k-1}}\right) \quad (9.9)$$

となる．これは未知数 s_k'' に対する 3 項方程式であるが，3 次のスプラインの場合と同じく，未知数の数が方程式の数より 2 つ多い．そこでたとえば $s''(a) = 0$，$s''(b) = 0$ のような条件を加えて解を求める．最終的な補間式は各区間において s_k'' を求め，それを式 (9.8) に代入した式になる．

9.3 最小 2 乗法 (1)

一連の実験データから**実験式**をつくることがしばしば必要になる。たとえば実験によって 2 次元のデータの組 (x_k, y_k) が得られたとする。これらは平面上の点で表すことができる。もちろん実験には誤差が含まれるため，実験で得られたすべての点を正確に通る曲線を決めることはあまり意味がなく，なるべく簡単な曲線で実験データを表現することが望ましい。このとき曲線は必ずしもそれらの点を通っている必要はない。

はじめに，図 9.1 に示すような n 個の実験データの組が $x-y$ 平面上で与えられたとする。このとき，1 本の直線を引いて，その直線が実験データをなるべくよく表すようにすることを考える。直線は

$$y = ax + b \tag{9.10}$$

で表されるため，a, b をいかに決めるかという問題になる。一般に直線はこれらの点を通らないため，各点 $(x_k, y_k)(k = 1, 2, \cdots, n)$ において

$$e_k = y_k - ax_k - b$$

だけの差が生じる。差は小さいほどもとの直線に近いと考えられるため，近似の度合いを表すには各点での差を足し合わせればよい。ただし差は正にも負にもなるため，そのまま足したのでは，たとえ差が大きくても打ち消し合う。そこで差の 2 乗を足し合わせてそれが最も小さくなるように a, b を決める。このように求める直線（一般には曲線）とデータ間の差の 2 乗和が最小になるように直線（曲線）を決める方法を**最小 2 乗法**とよぶ。

それでは具体的に計算を行ってみよう。差の 2 乗和を S で表すと

$$S = \sum_{k=1}^{n} e_k^2 = \sum_{k=1}^{n} (y_k - ax_k - b)^2 \tag{9.11}$$

となる。これが最小となるように a, b を決めるためには式 (9.11) を a と b で偏微分して 0 と置けばよい。その結果

$$\frac{\partial S}{\partial a} = -2 \sum_{k=1}^{n} x_k(y_k - ax_k - b) = 0$$

$$\frac{\partial S}{\partial b} = -2 \sum_{k=1}^{n} (y_k - ax_k - b) = 0$$

すなわち,

$$\left(\sum_{k=1}^n x_k^2\right) a + \left(\sum_{k=1}^n x_k\right) b = \sum_{k=1}^n x_k y_k$$
$$\left(\sum_{k=1}^n x_k\right) a + \left(\sum_{k=1}^n 1\right) b = \sum_{k=1}^n y_k$$
(9.12)

が得られる．これは a, b に関する連立 2 元 1 次方程式になっており，簡単に解けて a, b が求まる．なお，ここで求めた直線は**回帰直線**とよばれる．

例 1 最小 2 乗近似法の例

$(0.10, 2.4824), (0.20, 1.9975), (0.30, 1.6662), (0.40, 1.3775)$

$(0.50, 1.0933), (0.60, 0.7304), (0.70, 0.4344), (0.80, 0.2981)$

$(0.90, -0.0017), (1.00, -0.0026)$

というデータを用いて最小 2 乗近似を行う．このデータから次式が得られる．

$S_0 = 0.1^0 + 0.1^0 + \cdots + 1.0^0 = 10.0$ （式 (9.12) 第 2 式の b の係数）

$S_1 = 0.1^1 + 0.2^1 + \cdots + 1.0^1 = 5.5$ （式 (9.12) 第 2 式の a の係数）

$S_2 = 0.1^2 + 0.2^2 + \cdots + 1.0^2 = 3.85$ （式 (9.12) 第 1 式の a の係数）

$T_0 = 2.4824 \times 0.1^0 + 1.9975 \times 0.2^0 + \cdots - 0.0026 \times 1.0^0 = 10.0755$

$T_1 = 2.4824 \times 0.1^1 + 1.9975 \times 0.1^1 + \cdots - 0.0026 \times 1.0^1 = 3.2219$

（それぞれ式 (9.12) の第 2, 1 式の右辺）

1 次式で近似する場合には連立 2 元 1 次方程式

$$3.85a + 5.5b = 3.2219$$
$$5.5a + 10.0b = 10.0755$$

を解いて

$$a = -2.8116, \quad b = 2.5539$$

より次式が得られる．

$$y = -2.8116x + 2.5539$$

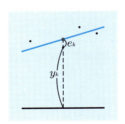

図 **9.1** 最小 2 乗法

9.4 最小2乗法（2）

次に，前節と同じ問題を直線ではなく m 次多項式で最小2乗近似してみよう．この場合，以下に示すように原理的には $m < n$ のとき多項式を一通りに決めることができる．ただしラグランジュ補間法のときもふれたが，高次の多項式は性質がよくないので，現実には m としてはせいぜい5程度にとどめる．

さてこの場合，求める m 次式を

$$y = a_0 + a_1 x + a_2 x^2 + \cdots + a_m x^m \tag{9.13}$$

とおけば，式 (9.11) に対応する式は

$$S = \sum_{k=1}^{n} e_k^2 = \sum_{k=1}^{n} (y_k - a_0 - a_1 x_k - a_2 x_k^2 - \cdots - a_m x_k^m)^2 \tag{9.14}$$

となる．係数 $a_0, a_1, \cdots, a_m$ を決定するために式 (9.14) を $a_0, a_1, \cdots, a_m$ で偏微分して0とおけば，式 (9.12) に対応する連立 $m+1$ 元1次方程式

$$
\begin{aligned}
S_0 a_0 + S_1 a_1 + S_2 a_2 + \cdots + S_m a_m &= T_0 \\
S_1 a_0 + S_2 a_1 + S_3 a_2 + \cdots + S_{m+1} a_m &= T_1 \\
&\cdots \\
S_m a_0 + S_{m+1} a_1 + S_{m+2} a_2 + \cdots + S_{2m} a_m &= T_m
\end{aligned}
\tag{9.15}
$$

が得られる．ただし，

$$S_j = \sum_{k=1}^{n} x_k^j, \quad T_j = \sum_{k=1}^{n} y_k x_k^j \tag{9.16}$$

と置いた．したがって，この連立1次方程式をなるべく精度のよい方法で解けばよい．

前節の例1を2次式で近似する場合には連立3元1次方程式

$$10.00 a_0 + 5.50 a_1 + 3.85 a_2 = 10.07546$$

$$5.50 a_0 + 3.85 a_1 + 3.025 a_2 = 3.221906$$

$$3.85 a_0 + 3.025 a_1 + 2.5333 a_2 = 1.411007$$

を解いて

$$a_0 = 2.9019, \quad a_1 = -4.5515, \quad a_2 = 1.5817$$

より

$$y = 1.5817x^2 - 4.5515x + 2.9019$$

が得られる．前節の1次式と上式を同一の図に図示したものが図 9.2 である．

最後に，m 変数の実験データの組 $\boldsymbol{y} = (y_1, y_2, \cdots, y_m)$，$\boldsymbol{x}_i = (x_{1i}, \cdots, x_{mi})$ $(i = 1, \cdots, n)$ が与えられた場合の取り扱い方を示す．この場合，1次の近似式は

$$\overline{y}_k = a_0 + a_1 x_{k1} + a_2 x_{k2} + \cdots + a_n x_{kn} \ (k = 1, 2, \cdots, m) \tag{9.17}$$

という形になる．したがって，差の2乗和

$$S = \sum_{k=1}^{m} (\overline{y}_k - y_k)^2 \tag{9.18}$$

が最小になるように $a_j \, (j = 1, 2, \cdots, n)$ を求めればよい．最終的に得られる連立1次方程式を行列形式で表すと

$$(X^T X)\boldsymbol{a} = X^T \boldsymbol{y} \tag{9.19}$$

となる．ただし X, $\boldsymbol{y}$, $\boldsymbol{a}$ は以下の通りである．

$$X = \begin{bmatrix} x_{11} & x_{12} & \cdots & x_{1n} & 1 \\ x_{21} & x_{22} & \cdots & x_{2n} & 1 \\ \vdots & \vdots & \vdots & \vdots & \vdots \\ x_{m1} & x_{m2} & \cdots & x_{mn} & 1 \end{bmatrix}, \ \boldsymbol{y} = \begin{bmatrix} y_1 \\ y_2 \\ \vdots \\ y_m \end{bmatrix}, \ \boldsymbol{a} = \begin{bmatrix} a_1 \\ a_2 \\ \vdots \\ a_n \\ a_0 \end{bmatrix} \tag{9.20}$$

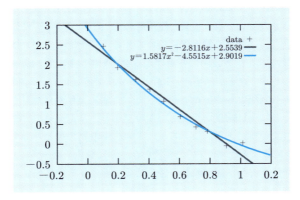

図 9.2　1次式と2次式による近似

第 9 章　関数の近似その 2

第 9 章の章末問題

問 1　データ $(x, f) = (0, 1), (0.1, 1.1052), (0.2, 1.2214)$ を用いて $x = 1.5$ の推定値をスプライン補間法で求めよ.

問 2　区間 $[0, 1]$ を n 等分した点において式 (9.16) の S_j を用いて $S_j \Delta x$（ただし $\Delta x = 1/n$）を求めるとする. n が非常に大きくなったとき, 式 (9.15) の係数行列はどのような行列に近づくか.

問 3　次のデータを最小 2 乗近似する 1 次式と 2 次式を求めよ.

$(0.20, 1.9975), (0.40, 1.3775), (0.60, 0.7304), (0.80, 0.2981), (1.00, -0.0026)$

コラム　科学技術と数値計算その 3

　各時代において, 主に科学技術計算を目的にしてつくられた飛びぬけて計算速度の速いコンピュータをスーパーコンピュータという. 日本では「地球シミュレータ」という名前のついたスーパーコンピュータが有名である. スーパーコンピュータの用途はいろいろあるが, 身近なところで, 気象庁が行っている数値予報がある. 気象現象は, 物理的には水分を含んだ空気の大規模な熱対流現象とみなすことができる. したがって, 原理的には 1 章のコラムで述べたナヴィエ・ストークス方程式を解けば気象現象が予測できるはずである. このような発想は 1946 年にコンピュータ（電子計算機）が出現する前からすでにあり, イギリスの気象学者のリチャードソンが, 1920 代初頭に計算を試みている. ナヴィエ・ストークス方程式など偏微分方程式を解く場合, 空間を細かい網目（格子）に分割して, 網目の交点（格子点）における解の近似値を求める. リチャードソンはヨーロッパ中部を水平方向に 25, 高さ方向に 5 層の網目を用いて計算した. 結果は, 気圧が 6 時間のうちに 145 ヘクトパスカル（hpa）も変化する（1 気圧は 1013 hpa で最も強い台風の中心気圧でも 900 hpa 程度）という現実とはかけ離れたものであった. しかし, それは主に網目が粗すぎたためであり, リチャードソンの試み自体は高く評価されている. 実際, コンピュータの生みの親のひとりである数学者のフォン・ノイマンはコンピュータの必要性のひとつに数値予報をあげ, その後, コンピュータの発展とともに網目の数を増やせるようになった結果, 数値予報の精度は上がり現在は実用化されるに至っている.

第10章
数値積分その1

数値積分とは定積分

$$\int_a^b f(x)dx$$

の値を数値でなるべく正確に求める手続きのことを指す. したがって, 積分といっても定積分であって, 不定積分を式の形で求めることではない. もちろん, 関数 $f(x)$ が不定積分できるような簡単な場合には, わざわざ数値積分する必要はない.

数値積分を行うには2通りの考え方がある. ひとつは被積分関数を, それを近似する別の関数 $P(x)$ で置き換える. もし, $P(x)$ の不定積分が計算できるならば, 上式の $f(x)$ を $P(x)$ に置き換えることにより, 積分の近似値が計算できる. たとえば $P(x)$ として前章で述べた補間多項式を用いればよい. もうひとつの考え方として, 定積分の本来の意味にもどる方法がある. すなわち, 積分の値は関数 $f(x)$ と x 軸および直線 $x = a$, $x = b$ とで囲まれた図形の面積を意味する. したがって, この面積をなるべく正確に求めればよいことになる.

●本章の内容●
区分求積法と台形公式
シンプソンの公式
ニュートン・コーツの積分公式
エルミート補間法の利用

92　　　　　　　　第 10 章　数値積分その 1

10.1　区分求積法と台形公式

　最も簡単な方法として，図 10.1 (a) に示すように面積を求めたい図形を近似的に細長い長方形形状の短冊に区切り，この短冊の面積の和を定積分の近似とみなす．いま区間を n 個の短冊に分割し，j 番目の短冊において左端の点の x 座標を x_{j-1}，右端の点の x 座標を x_j とする．ただし $x_0 = a$，$x_n = b$ である．このとき，短冊の面積は図に示す場合には明らかに

$$f(x_{j-1})(x_j - x_{j-1})$$

となる．したがって，定積分の近似値としてこの短冊の面積の和

$$\int_a^b f(x)dx \fallingdotseq \sum_{j=1}^n f(x_{j-1})(x_j - x_{j-1}) \tag{10.1}$$

を用いればよい．

　この面積は短冊を図 10.1 (b) のようにとっても計算できる．この場合，j 番目の短冊の面積は $f(x_j)(x_j - x_{j-1})$ となるため，公式

$$\int_a^b f(x)dx \fallingdotseq \sum_{j=1}^n f(x_j)(x_j - x_{j-1}) \tag{10.2}$$

が得られる．もちろん短冊の幅が 0 の極限で両者は一致するが，それらは定積分の定義そのものである．式 (10.1)，(10.2) を**区分求積法**とよんでいる．

　次に図 10.2 に示すように長方形の短冊の代わりに台形を用いて，定積分の値をこのような細長い台形の面積の和と考える．このとき j 番目の台形の面積は上底と下底が $f(x_{j-1})$，$f(x_j)$，高さが $x_j - x_{j-1}$ であるから，

$$\frac{1}{2}\{f(x_{j-1}) + f(x_j)\}(x_j - x_{j-1})$$

となる．したがって，求める積分値はこれらの和

$$\int_a^b f(x)dx \fallingdotseq \frac{1}{2}\sum_{j=1}^n \{f(x_{j-1}) + f(x_j)\}(x_j - x_{j-1}) \tag{10.3}$$

となる．この式は式 (10.1) と式 (10.2) の単純な算術平均にもなっている．式 (10.3) を**台形公式**（台形則）とよんでいる．

10.1 区分求積法と台形公式

特に積分区間 $[a, b]$ を n 等分した場合,各台形の高さはすべて

$$h = \frac{b-a}{n}$$

となるため,式 (10.3) は

$$\int_a^b f(x)dx \fallingdotseq \frac{h}{2} \sum_{j=1}^{n} \{f(x_{j-1}) + f(x_j)\} \tag{10.4}$$

または次のように書ける.

$$\int_a^b f(x)dx \fallingdotseq \frac{h}{2} \{f(x_0) + 2f(x_1) + 2f(x_2) + \cdots + 2f(x_{n-1}) + f(x_n)\}$$
$$= \frac{h}{2} \{f(a) + 2f(a+h) + 2f(a+2h) + \cdots + 2f(b-h) + f(b)\} \tag{10.5}$$

> **台形公式による積分**
> 1. n, a, b, f を入力
> 2. $h = (b-a)/n, \ S = 0$
> 3. $j = 1, 2, \cdots, n-1$ に対して
> $$S := S + f(a+jh)$$
> 4. $S := (f(a) + 2S + f(b))h/2$

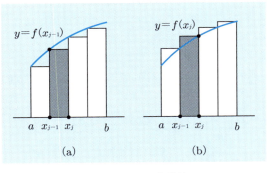

図 10.1 区分求積法

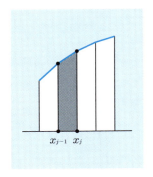

図 10.2 台形公式

94　　　　　　　　　第 10 章　数値積分その 1

10.2　シンプソンの公式

　前節と同様に，面積を求めるために領域を短冊（ただし長方形ではなくひとつの辺はとりあえずもとの曲線にしておく）に区切るが，特に短冊の個数を偶数個（$2M$とする）にとったとしよう．そして短冊を端から 2 つずつ組にして考える．図 10.3 に示すように，左から j 番目の短冊の組，すなわち x 座標が x_{2j-2}, x_{2j-1} および x_{2j-1}, x_{2j} のとなり合った 2 つの短冊をとりだし，その面積をなるべく正確に求めることを考える．それには次のようにする．すなわち，図の 3 点 P, Q, R の座標は既知であるから，もとの曲線をこの 3 点をとおる放物線で置きかえる．放物線と x 軸で囲まれた面積は簡単に求まるから，それを 2 つの短冊の面積の和とみなす．

　具体的に計算を行ってみよう．求める放物線を

$$y = ax^2 + bx + c$$

とおき，これが 3 点 $(x_{2j-2}, f(x_{2j-2}))$, $(x_{2j-1}, f(x_{2j-1}))$, $(x_{2j}, f(x_{2j}))$ を通るという条件から a, b, c を決めてもよいが，ここではラグランジュの補間多項式を利用してみよう．これはすでに 8.1 節でも求めたが，その結果を参照すれば

$$y = f(x_{2j-2})l_1(x) + f(x_{2j-1})l_2(x) + f(x_{2j})l_3(x)$$

$$= f(x_{2j-2})\frac{(x - x_{2j-1})(x - x_{2j})}{(x_{2j-2} - x_{2j-1})(x_{2j-2} - x_{2j})}$$

$$+ f(x_{2j-1})\frac{(x - x_{2j-2})(x - x_{2j})}{(x_{2j-1} - x_{2j-2})(x_{2j-1} - x_{2j})}$$

$$+ f(x_{2j})\frac{(x - x_{2j-2})(x - x_{2j-1})}{(x_{2j} - x_{2j-2})(x_{2j} - x_{2j-1})}$$

となる．j 組目の領域の面積 S_j はこれを区間 $[x_{2j-2}, x_{2j}]$ で積分して

$$S_j = \alpha_1 f(x_{2j-2}) + \alpha_2 f(x_{2j-1}) + \alpha_3 f(x_{2j}) \tag{10.6}$$

となる．ただし

$$\alpha_1 = \int_{x_{2j-2}}^{x_{2j}} l_1(x)dx = \frac{1}{6}\frac{(x_{2j} - x_{2j-2})\{2(x_{2j-1} - x_{2j-2}) - (x_{2j} - x_{2j-1})\}}{x_{2j-1} - x_{2j-2}}$$

$$\alpha_2 = \int_{x_{2j-2}}^{x_{2j}} l_2(x)dx = \frac{1}{6}\frac{(x_{2j} - x_{2j-2})^3}{(x_{2j-1} - x_{2j-2})(x_{2j} - x_{2j-1})}$$

10.2 シンプソンの公式

$$\alpha_3 = \int_{x_{2j-2}}^{x_{2j}} l_3(x)dx = \frac{1}{6}\frac{(x_{2j}-x_{2j-2})\{2(x_{2j}-x_{2j-1})-(x_{2j-1}-x_{2j-2})\}}{x_{2j}-x_{2j-1}}$$

である．全体の面積はこれら M 組の小領域の和であり，次のようになる．

$$\int_a^b f(x)dx = \sum_{j=1}^M S_j \tag{10.7}$$

特に，短冊の幅が等間隔 $(=(b-a)/2M=h)$ の場合には式 (10.6), (10.7) は

$$S_j = \frac{h}{3}\{f(x_{2j-2}) + 4f(x_{2j-1}) + f(x_{2j})\} \tag{10.8}$$

$$\int_a^b f(x)dx \fallingdotseq \frac{h}{3}\{f(x_0) + 4f(x_1) + 2f(x_2) + 4f(x_3) + 2f(x_4)$$
$$+ \cdots + 2f(x_{2M-2}) + 4f(x_{2M-1}) + f(x_{2M})\} \tag{10.9}$$

となる．式 (10.8), (10.9) を**シンプソンの公式**（シンプソン則）とよんでいる．

シンプソンの公式による積分

1. n, a, b, f を入力
2. $h = (b-a)/2n, \ S_1 = 0, \ S_2 = f(a+h)$
3. $j = 2, 4, \cdots, 2n-2$ に対して
$$S_1 = S_1 + f(a+jh), \quad S_2 = S_2 + f(a+(j+1)h)$$
4. $S = \{f(a) + 4S_1 + 2S_2 + f(b)\}h/3$

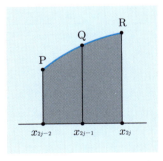

図 **10.3** シンプソンの公式

10.3 ニュートン・コーツの積分公式

前節の考え方は次のように拡張できる．すなわち，領域を $3M$ 個の短冊に分けて，となり合った 3 個ずつの短冊の面積を 3 次のラグランジュ補間多項式から求めたり，$4M$ 個に分けて 4 個ずつを組にして 4 次のラグランジュ補間多項式を使ったりというように高次のラグランジュ補間多項式を積分に利用する．一般に領域を nM 個の短冊に分け，となり合った n 個ずつを組にした場合を考える．記述を簡単にするため一組（n 個）の短冊全体の左端の x 座標を c，右端の x 座標を d として各短冊の端を順に $c = x_0, x_1, \cdots, x_{n-1}, x_n = d$ というように記す．このとき n 次のラグランジュ補間の式は 8.1 節で述べたように

$$P_n(x) = \sum_{j=0}^{n} f(x_j) l_j(x) \tag{10.10}$$

ただし，

$$l_j(x) = \frac{(x - x_0)(x - x_1) \cdots (x - x_{j-1})(x - x_{j+1}) \cdots (x - x_n)}{(x_j - x_0)(x_j - x_1) \cdots (x_j - x_{j-1})(x_j - x_{j+1}) \cdots (x_j - x_n)} \tag{10.11}$$

となる．したがって，1 組の短冊の面積は

$$\int_c^d f(x) dx \fallingdotseq \int_c^d P_n(x) dx = \sum_{j=0}^{n} f(x_j) \int_c^d l_j(x) dx = \sum_{j=0}^{n} \alpha_j f(x_j) \tag{10.12}$$

ただし，

$$\alpha_j = \int_c^d \frac{(x - x_0)(x - x_1) \cdots (x - x_{j-1})(x - x_{j+1}) \cdots (x - x_n)}{(x_j - x_0)(x_j - x_1) \cdots (x_j - x_{j-1})(x_j - x_{j+1}) \cdots (x_j - x_n)} dx \tag{10.13}$$

と近似できる．特に $x_0, x_1, \cdots, x_n$ が等間隔（幅を h とする）に分布している場合にいろいろな n について式 (10.13) の係数 α_j を計算したものを表 10.1 に示す．全体の領域の面積はそれぞれの組に対して式 (10.12) を計算して足し合わせればよい．

このようにラグランジュ補間多項式を利用して数値積分を行う方法を一括してニュートン・コーツの積分公式とよんでいる．なお，8.2 節でも述べたように高次のラグランジュ補間を用いるとかえって結果が悪くなることがあるので，

10.3 ニュートン・コーツの積分公式　　　**97**

高次のニュートン・コーツの積分公式はあまり用いられない.

例1 台形公式による積分の例

$f(x) = \sqrt{1 - x^2}$ とおいて

$$I = \int_0^{1/\sqrt{2}} f(x)dx = \frac{\pi}{8} + \frac{1}{4}$$

を区間を 3 等分して計算すると

$$I = \frac{1}{2\sqrt{2}} \left(1 + 2 \times \sqrt{1 - \frac{1}{8}} + \sqrt{\frac{1}{2}} \right) = 0.6325$$

となる. これから π の近似値として 3.06 が得られる.　　　□

例2 シンプソンの公式による積分の例

$f(x) = \sqrt{1 - x^2}$ とおいて

$$\int_0^{1/\sqrt{2}} f(x)dx$$

を区間を 3 等分して計算すると

$$I = \frac{1}{3\sqrt{2}} \left(1 + 4 \times \sqrt{1 - \frac{1}{8}} + \sqrt{\frac{1}{2}} \right) = 0.6421$$

となる. これから π の近似値として 3.1368 が得られる.　　　□

表 10.1　ニュートン・コーツの積分公式

n	α_0/h	α_1/h	α_2/h	α_3/h	α_4/h
1	1/2	1/2	–	–	–
2	1/3	4/3	1/3	–	–
3	3/8	9/8	9/8	3/8	–
4	14/45	64/45	24/45	64/45	14/45

98   第 10 章 数値積分その 1

10.4 エルミート補間法の利用

　数値積分では一般に大きな積分区間を小さな短冊に分け，1 つの短冊の面積の近似式を求め，それらを足し合わせることで積分値を求めた．たとえば台形公式では区間 $[x_i, x_{i+1}]$ の短冊の面積を台形の面積 $(f_i + f_{i+1})(x_{i+1} - x_i)/2$ で近似した．これは 2 点 (x_i, f_i)，(x_{i+1}, f_{i+1}) を通る 1 次式と x 軸でできる短冊の面積になっている．数値積分では多くの場合，被積分関数 $f(x)$ は既知であるため，その導関数や 2 階導関数等を式の形で求めることができる．そこで上記の 2 点において，$f_i' = f'(x_i)$，$f_i'' = f''(x_i)$ 等の値も計算できる．さて，ある 2 点で関数値のみならず導関数値も与えられた場合，その点でそれらの値が一致するような 3 次式を決めることができ，さらに 2 階導関数値まで与えられた場合には 5 次式を決めることができる．前者に対してはすでにエルミート補間の節で述べたが，これらの多項式と x 軸でできる短冊の面積を数値積分に用いることもできる．本節ではこの考え方によって数値積分公式を導くことにする．

　3 次式の場合はエルミート補間の公式 (8.5) を用いればよいが，ここでは別の方法を紹介する．点 (x_i, f_i) を通る 3 次式で 1 階導関数値が f_i' となるものは

$$y = a(x - x_i)^3 + b(x - x_i)^2 + f_i'(x - x_i) + f_i$$

である．この式に $x = x_{i+1}$ を代入したものが y_{i+1} で，微分した式に $x = x_{i+1}$ を代入したものが y_{i+1}' であるので，これらの関係式を連立 2 元 1 次方程式とみなして a, b を決めれば

$$a = (h\Delta f_i' - 2\Delta f_i + 2f_i')/h, \quad b = (-h^2 \Delta f_i' + 3\Delta f_i - 3f_i')/h^2$$

となる．ただし，$h = x_{i+1} - x_i$，$\Delta f_i = f_{i+1} - f_i$，$\Delta f_i' = f_{i+1}' - f_i'$ である．したがって，短冊の面積 S_i は

$$S_i = \int_{x_i}^{x_{i+1}} ydx = \frac{ah^4}{4} + \frac{bh^3}{3} + \frac{f_i'h^2}{2} + f_ih = h\left(\frac{\Delta f_i}{2} + f_i\right) - \frac{h^2 \Delta f_i'}{12}$$

$$= \frac{h}{2}(f_i + f_{i+1}) + \frac{h^2}{12}(f_i' - f_{i+1}') \tag{10.14}$$

となる．これは台形公式（式 (10.3) の上の式）に導関数値と関係する補正項（最右辺第 2 項）が付け加わった形をしている．特に全積分区間を等間隔に分けた場合には，h が各区間で一定になるため，S_i の和を計算するとき互いに打ち消

しあって，$f'_0 = a$ と $f_n = b$ のみが積分公式に現れる．公式の形で書けば

$$\int_a^b f(x)dx \sim \frac{h}{2}\sum_{j=1}^n (f_{j-1} + f_j) + \frac{h^2}{12}\{f'(a) - f'(b)\} \qquad (10.15)$$

となり，端点が補正された台形公式になっている．

関数の2階導関数まで与えられた場合には，点 (x_i, f_i) を通る5次式で $x = x_i$ のとき導関数値が f'_i，2階導関数値が f''_i となるものは

$$y = a(x - x_i)^5 + b(x - x_i)^4 + c(x - x_i)^3 + f''_i(x - x_i)^2/2 + f'_i(x - x_i) + f_i$$

である．y，y'，y'' に x_{i+1} を代入したものがそれぞれ y_{i+1}，y'_{i+1}，y''_{i+1} であるので，a，b，c に対する連立3元1次方程式となり，それを解けば

$$a = \frac{1}{h^3}\left(\frac{\Delta f''_i}{2} - \frac{3\Delta f'_i}{h} + \frac{6\Delta f_i}{h^2} - \frac{6f''_i}{h^2}\right)$$

$$b = \frac{1}{h^2}\left(-2\Delta f''_i + \frac{14\Delta f'_i}{h} - \frac{30\Delta f_i}{h^2} + f''_i + \frac{30f'_i}{h}\right)$$

$$c = \frac{1}{h}\left(\frac{\Delta f''_i}{2} - \frac{4\Delta f'_i}{h} + \frac{10\Delta f_i}{h^2} - f''_i - \frac{10f''_i}{h^2}\right)$$

となる．ただし，$\Delta f''_i = f''_{i+1} - f''_i$ で，他は前と同様である．したがって，短冊の面積 S_i に対して

$$S_i = \int_{x_i}^{x_{i+1}} ydx = \frac{ah^6}{6} + \frac{bh^5}{5} + \frac{ch^4}{4} + \frac{f''_i h^3}{6} + \frac{f'_i h^2}{2} + f_i h = h\left(\frac{\Delta f_i}{2} + f_i\right) - \frac{h^2\Delta f'_i}{12}$$

$$= \frac{h}{2}(f_i + f_{i+1}) + \frac{h^2}{10}(f'_i - f'_{i+1}) + \frac{h^3}{120}(f''_i + f''_{i+1}) \qquad (10.16)$$

という公式が得られる．これは，式 (10.14) の1階微分の補正項が多少変化し，さらに2階導関数に関係する最終項が新たな補正項として加わったものになっている．この最終項を $(h/2)(f''_i + f''_{i+1}) \times (h^2/60)$ と書けば，f'' に対して台形公式を用いたものに $h^2/60$ をかけた形になっている．いいかえれば，この公式では $f(x)$ のかわりに $f(x) + h^2 f''(x)/60$ に対して台形公式を用いればよい．全積分区間を等間隔に分けた場合には次の近似式が得られる．

$$\int_a^b f(x)dx \sim \frac{h}{2}\sum_{j=1}^n \left\{\left(f_{j-1} + \frac{h^2}{60}f''_{j-1}\right) + \left(f_j + \frac{h^2}{60}f''_j\right)\right\} + \frac{h^2}{10}\{f'(a) - f'(b)\}$$

第 10 章　数値積分その 1

第 10 章の章末問題

問 1　関数 e^{-x^2} を区間 $[1, 2]$ で数値積分（台形公式，シンプソンの公式）せよ．ただし，以下のデータを用いよ．

1.000　1.100　1.200　1.300　1.400　1.500　1.600　1.700　1.800　1.900　2.000

0.368　0.299　0.237　0.185　0.141　0.106　0.077　0.056　0.039　0.027　0.018

問 2　関数 $1/(1+x)$ の積分を $[0, 1]$ において区間を 10 等分して，区分求積法，台形公式，シンプソンの公式の各積分公式で求めよ

問 3　台形公式による周期 2π の関数の 1 周期分の積分は次式になることを示せ．

$$\frac{2\pi}{n} \sum_{k=0}^{n-1} f\left(\frac{2\pi k}{n}\right)$$

問 4　$f(a)$ と $f(b)$ を用いて台形公式で計算した結果を $S_{0,0}$，2 等分して台形公式で計算した結果を $S_{1,0}$，$2^2 = 4$ 等分した結果を $S_{2,0}$，$\cdots$，2^j 等分した結果を $S_{j,0}$ としたとき

$$S_{j,0} = \frac{1}{2} S_{j-1,0} + h_j \sum_{i=1}^{2^{j-1}} f(a + (2i-1)h_j) \quad (j = 1, 2, \cdots)$$

が成り立つことを $j = 1, 2$ について示せ．

コラム　モンテカルロ法

　乱数を数値計算に用いる方法を広く**モンテカルロ法**という．乱数には一様な分布をもつ一様乱数がもっとも基本でよく使われるが，現れ方にある特定の分布をもつ乱数が使われることもある．ここでは一様乱数を利用した数値積分を紹介しよう．いま，$[0, 1]$ の区間で乱数を一様に発生させ，順に $x_1, x_2, \cdots$ とし，左から 2 つずつ組にしてそれを x 座標と y 座標として x–y 面に黒い小さな点で表示したとしよう．このとき，点は 1 辺が 1 の正方形内にランダムに描かれていく．そして長時間後にはむらなく分布し，正方形は一様に黒くなる．次に，座標点の中で $x^2 + y^2 \leq 1$ を満たす点だけプロットすると 1/4 の大きさの黒い円が描かれることも容易に想像できる．このとき，円内に入った回数を乱数を発生させた回数で割ると，これは 1/4 円の面積（積分）になる．複雑な図形でも点がその図形内にあるという条件が式などで表現できれば同じようにして面積が求まる．この方法は単純で簡便であるが，精度を上げるには非常に多数の試行が必要になる．しかし，求め方からもわかるように多重積分に容易に拡張できる．

第11章
数値積分その2

　前章ではラグランジュ補間法とエルミート補間法の応用としていくつかの数値積分の公式を導いた．本章では，その他によく用いられる数値積分として，刻み幅を変化させて得られる一連の数値積分の結果を利用するロンバーグ積分，直交多項式による補間法の応用であるガウスの積分法をまず紹介する．これらの積分法は精度のよい方法として知られている．次に多重積分の計算法を2重積分を例にとって説明する．最後に数値積分のひとつの応用である離散フーリエ変換についてごく簡単に紹介する．

●本章の内容●
ロンバーグ積分
ガウス積分
多重積分
離散フーリエ変換

第 11 章 数値積分その 2

11.1 ロンバーグ積分

10.4 節の式 (10.16) を利用すると台形公式をもとにして高精度の積分公式を得ることができる．区間 $[a, b]$ を N 等分 $(h = (b-a)/N)$ して台形公式から得られる積分値を $S_{0,0}$ とすると，式 (10.16) から

$$\int_a^b f(x)dx = S_{0,0} + c_1 h^2 + c_2 h^4 + \cdots + c_l h^{2l} + o(h^{2l}) \tag{11.1}$$

となる．次に $[a, b]$ を $2N$ 等分して台形公式から得られる積分値を $S_{1,0}$ とすると

$$\int_a^b f(x)dx = S_{1,0} + c_1 \left(\frac{h}{2}\right)^2 + c_2 \left(\frac{h}{2}\right)^4 + \cdots + c_l \left(\frac{h}{2}\right)^{2l} + o\left(\left(\frac{h}{2}\right)^{2l}\right) \tag{11.2}$$

となる．以下同様に短冊の幅を半分半分に小さくしていって区間を $2^m N$ 等分したときに台形公式で得られる積分値を $S_{m,0}$ とすれば

$$\int_a^b f(x)dx = S_{m,0} + c_1 \left(\frac{h}{2^m}\right)^2 + c_2 \left(\frac{h}{2^m}\right)^4 + \cdots + c_l \left(\frac{h}{2^m}\right)^{2l} + o\left(\left(\frac{h}{2^m}\right)^{2l}\right) \tag{11.3}$$

となる．ここで重要なことは式 (11.1), (11.2), (11.3) 等において，係数 $c_1, c_2, \cdots, c_l$ が共通である点で，このことを用いれば誤差にあたる h のベキ乗の項を次数の低い順に消去していくことができる．

いま，式 (11.1), (11.2) から h^2 を消去するため

$$\{(11.2) \times 4 - (11.1)\}/(4-1)$$

を計算すれば左辺は求める積分値となり，右辺に関しては，h に対するベキが h^4 から始まるため精度がよくなる．実際に計算を実行して積分値を求めれば，

$$\int_a^b f(x)dx = \frac{4S_{1,0} - S_{0,0}}{4-1} + \frac{1}{3}\left(\frac{1}{4} - 1\right)c_2 h^4 + \cdots \tag{11.4}$$

となる．以下，同様の消去を続けることができ，一般に $S_{m,0}$ と $S_{m-1,0}$ から h^2 を消去すると

$$\int_a^b f(x)dx = \frac{4S_{m,0} - S_{m-1,0}}{4-1} + \frac{1}{4^{2(m-1)}}\frac{1}{3}\left(\frac{1}{4} - 1\right)c_2 h^4 + \cdots \tag{11.5}$$

11.1 ロンバーグ積分

となる．ここで

$$S_{1,1} = \frac{4S_{1,0} - S_{0,0}}{4-1}, \cdots, S_{m,1} = \frac{4S_{m,0} - S_{m-1,0}}{4-1}$$

と記すことにする．

同様の手順で一連の $S_{m,1}$ から h^4 を消去できる．式 (11.5) に対応する一般式を書けば次のようになる．

$$\int_a^b f(x)dx = \frac{4^2 S_{m,1} - S_{m-1,1}}{4^2-1} + \frac{1}{3}\frac{1}{4^{3(m-1)}}\frac{1}{15}\left(\frac{1}{4}-1\right)c_2 h^6 + \cdots \quad (11.6)$$

さらに同様の手順で一連の $S_{m,1}$ から $S_{m,2}$，$S_{m,2}$ から $S_{m,3}$ というように続け，図 11.1 に示すようにして順次 $S_{m,j}$ を計算することができる．この手順において，一般式は次のようになる．

$$S_{m,j} = \frac{4^j S_{m,j-1} - S_{m-1,j-1}}{4^j-1} \quad (11.7)$$

このように，台形公式の短冊の幅を次々に半分にして計算した値をもとにして図 11.1 のように積分の値を修正していく方法を**ロンバーグ積分**とよんでいる．なお，上式の計算に必要な $S_{0,0}$, $S_{1,0}$, $S_{2,0}$, $\cdots$ は 10.4 節の終わりの部分で述べた方法を用いて計算するのが便利である．

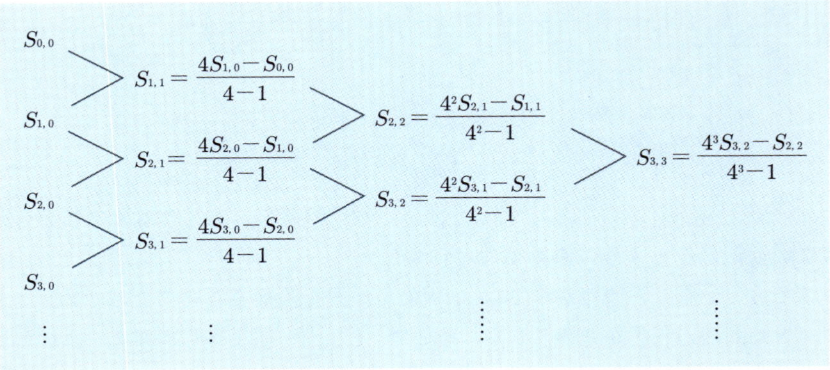

図 11.1

11.2 ガウス積分

数値積分の公式はほとんどの場合，最終的には

$$\int_a^b f(x)dx \fallingdotseq \alpha_0 f(x_0) + \alpha_1 f(x_1) + \cdots + \alpha_n f(x_n) \tag{11.8}$$

という形（ただし，$a = x_0$, $b = x_n$）になる．すなわち，数値積分を計算する場合に分点 (x_j) の座標をあらかじめ与えて，その点での関数値に積分公式から決まる重み (α_j) を掛けて総和をとる（場合によっては導関数値が必要になる場合もある）．本節で述べる**ガウスの積分公式**は，重みだけではなく分点の座標も積分公式の側から決める方法である．この場合になんらかの条件を与えないと分点の座標値は決定できないが，そのための条件として，なるべく高次の多項式に対して式 (11.8) の右辺を計算した場合に左辺と厳密に等しくなるという条件を課すことにする．式 (11.8) には決めるべき数が $2n+2$ 個ある．そこで条件を満たす多項式は $2n+1$ 次式であると予想できる．以下 $2n+1$ 次式に対して数値積分と厳密な積分値とが一致するように重みと分点を定めることを考える．

はじめに式 (11.8) の左辺の区間 $[a, b]$ での定積分は変数変換

$$\xi = \{2x - (a+b)\}/(b-a) \tag{11.9}$$

によって常に区間 $[-1, 1]$ での定積分に直せることに注意する．すなわち

$$\int_a^b f(x)dx = \frac{b-a}{2} \int_{-1}^1 f\left(\frac{(b-a)\xi + (a+b)}{2}\right) d\xi \tag{11.10}$$

となる．そこで以後

$$\int_{-1}^1 f(x)dx \fallingdotseq \alpha_0 f(x_0) + \alpha_1 f(x_1) + \cdots + \alpha_n f(x_n) \tag{11.11}$$

とおいて，$\alpha_0, \alpha_1, \cdots, \alpha_n$ と $x_0, x_1, \cdots, x_n$ の値を，上述の意味で積分の最もよい近似になるように決めることにする．

さて $n+1$ 点での情報から $2n+1$ 次の多項式を決めることになるため，エルミート補間法の利用が考えられる．そこで，8.3 節の結果からエルミートの補間多項式 $h_j(x)$, $g_j(x)$ を用いて

$$f(x) \fallingdotseq \sum_{j=0}^n f(x_j)h_j(x) + \sum_{j=0}^n f'(x_j)g_j(x) \tag{11.12}$$

11.2 ガウス積分

と近似して式 (11.11) の左辺に代入すると

$$\int_{-1}^{1} f(x)dx \fallingdotseq \sum_{j=0}^{n} \alpha_j f(x_j) + \sum_{j=0}^{n} \beta_j f'(x_j) \qquad (11.13)$$

となる．ただし係数 α_j, β_j は次の通りである．

$$\left.\begin{aligned}
\alpha_j &= \int_{-1}^{1} h_j(x)dx = \int_{-1}^{1} \{l_j(x)\}^2 \{1 - 2(x - x_j)l_j'(x_j)\}dx \\
\beta_j &= \int_{-1}^{1} g_j(x)dx = \int_{-1}^{1} (x - x_j)l_j(x)l_j(x)dx
\end{aligned}\right\} \begin{aligned} &(j = 0, 1, \cdots, n) \\ &\qquad (11.14) \end{aligned}$$

式 (11.13) において $\beta_j = 0$ ならば式 (11.11) の形になる．この目的のため，$x_j (j = 0, 1, \cdots, n)$ として $n+1$ 次の**ルジャンドルの多項式**の $n+1$ 個の 0 点をとってみよう．このとき $(x - x_j)l_j(x)$ は $n+1$ 次のルジャンドルの多項式 $P_{n+1}(x)$ の定数倍になる．一方，ルジャンドルの多項式は性質

$$\int_{-1}^{1} x^m P_{n+1}(x)dx = 0 \quad (m < n + 1) \qquad (11.15)$$

をもっている．式 (11.14) において β_j を計算する場合に $(x - x_j)l_j(x)$ は P_{n+1} の定数倍であり，$l_j(x)$ は n 次多項式であるため，$l_j(x)$ を展開して各項に式 (11.15) を用いれば β_j が 0 になることがわかる．

まとめれば，ガウスの積分公式 (11.11) では分点としてルジャンドルの多項式の 0 点を用いればよいことになる．またそのときの重み α_j は式 (11.14) から計算できる．結果の一部を表 11.1 に示す．

表 11.1 ガウス積分の分点と重み

m	k	x_k	α_k	m	k	x_k	α_k
1		0.0000000000	2.0000000000	5	1	−0.9061798459	0.2369268851
2	1	−0.5773502692	1.0000000000		2	−0.5384693101	0.4786286705
	2	0.5773502692	1.0000000000		3	0.0000000000	0.5688888889
3	1	−0.7745966692	0.5555555556		4	0.5384693101	0.4786286705
	2	0.0000000000	0.8888888889		5	0.9061798459	0.2369268851
	3	0.7745966692	0.5555555556	6	1	−0.9324695142	0.1713244924
4	1	−0.8611363116	0.3478548451		2	−0.6612093865	0.3607615730
	2	−0.3399810436	0.6521451549		3	−0.2386191861	0.4679139346
	3	0.3399810436	0.6521451549		4	−0.2386191864	0.4679139346
	4	0.8611363116	0.3478548451		5	0.6612093865	0.3607615730
					6	0.9324695142	0.1713244924

11.3 多重積分

本節では**多重積分**の計算法を 2 変数の関数の積分（2 重積分）を例にとって説明する．2 重積分には，$z = f(x, y)$ が表す曲面と底面（$x - y$ 面）の間の立体の体積 V という幾何学的な意味があるため，V をなるべく正確に計算すればよい．ただし，底面 D の形は，図 11.2 に示すように，一般に 2 つの曲線 $y = u_1(x)$, $y = u_2(x)$ $(a \le x \le b)$ または $x = v_1(y)$, $x = v_2(y)$ $(c \le y \le d)$ で表されている．前者も後者も本質は同じなので前者について考える．図 11.3 に示すように体積を求める立体を，x 軸に垂直な面でスライスして多くの薄い立体に分ける．ひとつの薄い立体の側面積（すなわちもとの立体の断面積）はスライスする位置 x により変化するため $S(x)$ と記せば，定積分の公式から

$$\iint_D f(x, y) dx dy = V = \int_a^b S(x) dx \tag{11.16}$$

となる．そこで，$S(x)$ の値が離散点 x_i において与えられれば，今までに述べた種々の数値積分公式から積分が計算できる．一方，この薄い立体を x 軸の正の方向から見ると図 11.4 のようになる．この図形の面積は y に関する定積分

$$S(x_i) = \int_{u_1(x_i)}^{u_2(x_i)} f(x_i, y) dy \tag{11.17}$$

により表せ，積分区間を有限幅 $u_1(x_i) = y_1, y_2, \cdots, y_{n-1}, y_n = u_2(x_i)$ に分割することにより種々の数値積分公式を用いて計算できる．

特に領域 D が座標軸に辺が平行な長方形領域であれば数値積分公式は単純になる．すなわち，x 方向に m 等分，y 方向に n 等分したとして，x と y 方向の刻み幅がそれぞれ h と k になったして区分求積法を用いれば

$$\int_a^b \int_c^d f(x, y) dx dy = hk \sum_{i=1}^m \sum_{j=1}^n f(x_i, y_j) \tag{11.18}$$

によって計算できる．精度を上げるためには台形公式やシンプソンの公式を用いればよい．たとえば台形公式を用いると

$$\int_a^b \int_c^d f(x, y) dx dy = \frac{hk}{4} \sum_{i=0}^m \sum_{j=0}^n w_{i,j} f(x_i, y_j) hk \tag{11.19}$$

11.3 多重積分

となる．ここで w_{ij} は台形公式から決まる重みであり，積分領域内で $w_{ij} = 4$，4頂点を除く境界で $w_{ij} = 2$，境界の4頂点では $w_{ij} = 1$ である．

ガウスの積分公式を用いる場合は変数変換を行って，長方形領域を $(-1, -1)$，$(1, -1)$，$(1, 1)$，$(-1, 1)$ を4頂点とするような正方形領域に変換した上で，

$$\int_{-1}^{1} \int_{-1}^{1} f(x, y) dx dy = \sum_{i=1}^{m} \sum_{j=1}^{n} w_i w_j f(x_i, y_j) \tag{11.20}$$

とする．ただし，重み w_i，w_j と点 (x_i, y_j) は1変数の場合と同じにとる．

任意の領域 D 内での積分は，数値積分公式を用いて式 (11.17)，式 (11.16) の順に積分を計算する．より簡単には次のように考えてもよい．すなわち，関数 $H(x, y)$ を，点 (x, y) が領域 D に含まれている場合には値1をとり，含まれていない場合には値0をとる関数として定義する．そして，領域 D を含むような長方形領域（各辺は座標軸に平行）を S とすれば

$$\int_D f(x, y) dS = \int_a^b \int_c^d f(x, y) H(x, y) dx dy \tag{11.21}$$

となるため，式 (11.18)，(11.19) で述べた長方形領域での方法が使える．

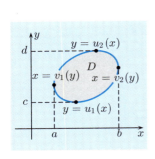
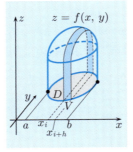
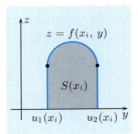

図 11.2　積分領域　　図 11.3　体積と2重積分　　図 11.4　x 軸に垂直な一断面

11.4 離散フーリエ変換

本節では数値積分の応用として**離散フーリエ変換**について簡単に述べる．まず**フーリエ変換**とは実関数 $f(x)$ に対する次の無限区間での定積分

$$F(u) = \int_{-\infty}^{\infty} f(x)e^{-2i\pi ux}dx \tag{11.22}$$

を指す．被積分関数はパラメータ u を含み積分結果は u を含むためそれを $F(u)$ で表している．**オイラーの公式**

$$e^{i\theta} = \cos\theta + i\sin\theta \tag{11.23}$$

を用いて実部と虚部に分ければ

$$F(u) = \int_{-\infty}^{\infty} f(x)\cos(2\pi ux)dx - i\int_{-\infty}^{\infty} f(x)\sin(2\pi ux)dx \tag{11.24}$$

となるが，実部を**フーリエ余弦変換**，虚部を**フーリエ正弦変換**とよぶ．

いま $f(x)$ が実数 T に対して区間 $[0, T]$ に対してのみ 0 でなければ，無限区間での積分は有限区間での積分

$$F(u) = \int_0^T f(x)e^{-2i\pi ux}dx$$

となるが，この積分を u の数値が既知であるとして，区間を n 等分して台形公式（10 章の章末問題の問 3 を参照）で求めてみよう．このとき $x_j = Tj/n$ $(j = 0, 1, \cdots, n-1)$ とすれば

$$F(u) = \frac{T}{n}\sum_{j=0}^{n-1} f(x_j)\exp\left(-i2\pi u\frac{T}{n}j\right)$$

となる．特に u として $u_k = k/T$ $(k = 0, 1, \cdots, n-1)$ とすれば，上式は

$$F(u_k) = \frac{T}{n}\sum_{j=0}^{n-1} f(x_j)\exp\left(-i\frac{2\pi kj}{n}\right) = \frac{T}{n}\sum_{j=0}^{n-1} f(x_j)w^{kj} \tag{11.25}$$

ただし $\quad w^{kj} = \exp\left(-i\frac{2\pi kj}{n}\right)$ $(k = 0, 1, \cdots, n-1)$ $\tag{11.26}$

11.4 離散フーリエ変換 **109**

となる. 式 (11.26) から係数 T/n を除いた式を f の**離散フーリエ変換**とよぶが，それを $\phi(u_k) \equiv \phi_k$ で表せば

$$\phi_k = \sum_{j=0}^{n-1} f(x_j) w^{kj} \ (k = 0,\ 1,\ \cdots,\ n-1) \tag{11.27}$$

あるいは次のようになる.

$$
\begin{bmatrix} \phi_0 \\ \phi_1 \\ \vdots \\ \phi_{n-1} \end{bmatrix}
=
\begin{bmatrix}
w^{00} & w^{01} & \cdots & w^{0n-1} \\
w^{10} & w^{11} & \cdots & w^{1n-1} \\
\vdots & \vdots & \vdots & \vdots \\
w^{n-10} & w^{n-11} & \cdots & w^{n-1n-1}
\end{bmatrix}
\begin{bmatrix} f_0 \\ f_1 \\ \vdots \\ f_{n-1} \end{bmatrix}
\tag{11.28}
$$

このように離散フーリエ変換を行う場合，w^{kj} が与えられた場合に n^2 回の計算が必要になり，n が大きい場合には演算量が多くなる.

離散フーリエ変換のアルゴリズム

1. $k = 0,\ 1,\ 2,\ \cdots,\ n-1$ に対して以下の手順を行う

  1.1 $j = 0,\ 1,\ \cdots,\ n-1$ に対して $w^{kj} = \exp(-2\pi i/n)kj$

     （実部 $\cos(2\pi kj/n)$，　虚部 $\sin(2\pi kj/n)$）

  1.2 次の計算を実部，虚部に分けて行う

$$\phi_k = \sum_{j=0}^{n-1} w^{kj} f(x_j)$$

例として $f(t) = \exp(-t)$ の離散フーリエ変換を行った結果を表 11.2 に示す.

表 11.2 離散フーリエ変換 （$N = 16$, $\Delta t = 0.25$）

k	実部	虚部
1	0.98450252756563950	0.00000000000000000E-01
2	0.28597582648923236	-0.43669426225604840
3	9.32936170882871646E-02	-0.26755400955543557
4	4.54934604560651365E-02	-0.17475654639864679
5	2.77646479959016423E-02	-0.11897322023228579
6	1.96313936383476426E-02	-8.01711541915678949E-02
7	1.55407674524995869E-02	-4.99099531448009143E-02
8	1.35640267094231555E-02	-2.40164956698515064E-02
9	1.29699697759628405E-02	8.88154092123099063E-09

（$k = 10 \sim 16$ は，$k = 9$ に関して，x は対称，y は反対称）

110　　　　　　　　　第 11 章　数値積分その 2

第11章の章末問題

問 1　ロンバーグ積分を用いて関数 $\sqrt{1-x^2}$ を区間 $[0,\,1/\sqrt{2}]$ で積分せよ．ただし，区間を最大限 16 等分する．

問 2　次の 2 重積分を求めよ．

$$I = \int_1^2 \left(\int_x^{x^2} xy\,dy \right) dx$$

問 3　$\sin mx,\,\cos mx$ に対して 1 周期を n 等分 $(m < n)$ して台形公式を用いて数値積分したとする．このとき積分値は厳密値になっていることを示せ．

コラム　FFT

　時系列のデータをいろいろな周波数成分に分けて考えたり，空間的に存在する波を波長の異なる波の重ね合わせとみなしたとき，各周波数成分や波長成分がどれだけの強さをもっているかを知りたいことがしばしばある．離散フーリエ変換はこのような目的に用いられる．またこの計算法は離散データに対して多項式の代わりに三角関数を用いた補間法と見なすこともできる．離散フーリエ変換は，行列を用いた線形計算に帰着される．この場合，n 次元ベクトルと見なせる 1 組（n 点）のデータの計算に n^2 回の掛け算が必要になる．実用上では多数のデータに対して離散フーリエ変換を行うことが多いため，演算量をなるべく少なくすることが望ましいが，高速フーリエ変換（FFT：Fast Fourier Transform）はそのような目的で開発された計算法で，n^2 の掛け算を最大限 $(n/2)\log_2 n$ 回に減らすことができる．FFT とは簡単にいえば三角関数の周期性を利用して演算回数を減らす方法である．たとえば，線形計算

$$a_1 x_1 + a_2 x_2 + \cdots + a_n x_n$$

には n 回の掛け算が必要であるが，ここでもし係数 $a_1, \cdots, a_n$ がすべて等しければ掛け算は 1 回ですむ．また n が偶数で係数に $n/2$ の周期性があれば，すなわち $a_i = a_{i+n/2},\,(i = 1, 2, \cdots, n/2)$ であれば，掛け算は $n/2$ 回になる．FFT はこのような周期性を最大限に利用する方法で，データが 2^n 個のとき使える．

第12章
微分方程式その1

　微分方程式とは方程式の中に未知関数の導関数を含む方程式のことを指す．この中で未知関数がひとつの独立変数の関数である場合を常微分方程式，2つ以上の独立変数の関数の場合を偏微分方程式とよんで区別する．また，未知関数が複数個ある場合には同じ数の微分方程式を連立させて解くが，このような方程式を連立微分方程式とよぶ．自然現象は導関数を用いて表現されることが多いため，微分方程式は理工学において大変重要な位置を占める．数値解法では解を数値で求めるため，ある付帯条件を満足するただひとつの特解を数値で表すことになる．一方，理工学に現れる微分方程式は解析的に解くことが非常に困難な微分方程式であり，また現実に必要なのは一般解ではなく，ある条件を満足する特解であることが多い．この場合，付帯条件の課し方により，初期値問題と境界値問題の2種類に分類できる．本章では，1階常微分方程式の初期値問題の数値解法について，その基礎になる部分を解説する．

●本章の内容●
オイラー法（1）
オイラー法（2）
精度の向上
ルンゲ・クッタ法

112   第 12 章　微分方程式その 1

12.1　オイラー法 (1)

1 階常微分方程式に関する以下の問題を考える：

$$\frac{dy}{dx} = f(x, y) \tag{12.1}$$

$$y(0) = a \tag{12.2}$$

1 階常微分方程式は任意定数をひとつ含む一般解をもつが，条件 (12.2) によって任意定数の値が決まるため解は一意に定まる．x を時間とみなせば，条件 (12.2) は時刻 0 での条件であるため，**初期条件**とよばれる．もちろん，$x = 0$ であることは本質ではなく，x のある 1 点での値が指定されれば解は一意に定まるため，その場合も初期条件とよぶ．すなわち，ある 1 点での関数値（高階微分方程式の場合には導関数値も含む）を指定する条件が初期条件である．そして与えられた初期条件のもとで微分方程式を解く問題を**初期値問題**とよぶ．なお，式 (12.1) は右辺にも未知関数を含むため解析的な方法では簡単には解けない．

　方程式 (12.1) を条件 (12.2) のもとで数値的に解く最も基本的な方法に以下に示す**オイラー法**がある．オイラー法では式 (12.1) の左辺の導関数を差分で近似する．すなわち，次式において Δx が十分に小さいとして

$$\frac{dy}{dx} \fallingdotseq \frac{y(x + \Delta x) - y(x)}{\Delta x} \tag{12.3}$$

によって近似する．これを**差分近似**とよぶ．上式において $\Delta x \to 0$ の極限で差分は微分の定義と一致する．図 12.1 に示すように，この近似はある点での曲線の接線の傾きを，その点と少し前方の点を通る直線の傾きで近似したことになるため**前進差分**とよぶことがある．

　式 (12.3) を等式とみなし式 (12.1) の左辺に代入して簡単な計算を行うと

$$y(x + \Delta x) = y(x) + \Delta x f(x, y(x)) \tag{12.4}$$

という近似式が得られる．ところが，初期条件から $y(0)$ の値は求まっているため，式 (12.4) を繰り返し用いることにより，微分方程式の近似解が Δx 刻みに求まることになる．すなわち，式 (12.4) に $x = 0$ を代入すれば f および $y(0)$ は既知であるから

$$y(\Delta x) = y(0) + \Delta x f(0, y(0))$$
の右辺を計算して $y(\Delta x)$ が求まる．次に式 (12.4) に $x = \Delta x$ を代入すれば
$$y(2\Delta x) = y(\Delta x) + \Delta x f(\Delta x, y(\Delta x))$$
となり，右辺は既知であるため $y(2\Delta x)$ が求まる．以下，同様の計算を続ければ
$$y(0) \to y(\Delta x) \to y(2\Delta x) \to f(3\Delta x) \to \cdots$$
の順に y の近似値が計算できる．

例1 **1 階微分方程式の初期値問題**

$$\frac{dy}{dx} = y, \quad y(0) = 1$$

上の問題をオイラー法で解く（厳密解は $y = e^x$）．式 (12.4) から

$$y(\Delta x) = y(0) + \Delta x y(0) = (1 + \Delta x) y(0) = 1 + \Delta x$$
$$y(2\Delta x) = y(\Delta x) + \Delta x y(\Delta x) = (1 + \Delta x) y(\Delta x) = (1 + \Delta x)^2$$
$$\cdots$$
$$y(n\Delta x) = y((n-1)\Delta x) + \Delta x y((n-1)\Delta x)$$
$$= (1 + \Delta x) y((n-1)\Delta x) = (1 + \Delta x)^n$$

となる．ここで，X を固定して区間 $[0, X]$ を n 等分した場合を考える．このとき，$\Delta x = X/n$ であるから

$$y(X) = \left(1 + \frac{X}{n}\right)^n$$

となるが，これは $\Delta x \to 0$ すなわち $n \to \infty$ のとき e^X となる（指数関数の定義）．したがって，この場合には刻み幅が 0 の極限で厳密解に一致することがわかる． □

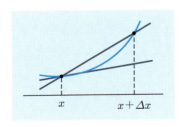

図 **12.1** 前進差分近似

114　　　　　　　第 12 章　微分方程式その 1

12.2　オイラー法（2）

オイラー法において刻み幅は一定である必要はなく，場所によって変化してもよい．そこで図 12.2 に示すように x 軸を適当な幅で区切り，それぞれの座標値を

$$x_0(= 0),\ x_1,\ \cdots,\ x_j,\ x_{j+1},\ \cdots$$

で，また各点での微分方程式の近似解を

$$y_0(= a),\ y_1,\ \cdots,\ y_j,\ y_{j+1},\ \cdots$$

と記して，式 (12.4) を一般化してみよう．このとき

$$y_{j+1} = y_j + (x_{j+1} - x_j)f(x_j, y_j) \tag{12.5}$$

となる．特に刻み幅が等間隔（$x_1 - x_0 = x_2 - x_1 = \cdots = \Delta x$）であれば

$$y_{j+1} = y_j + \Delta x f(x_j, y_j) \tag{12.6}$$

となる．

オイラー法のアルゴリズム

1. $f(x, y)$, x_0, x_n, n, a を入力
2. $\Delta x = (x_n - x_0)/n$, $y_0 = a$
3. $j = 0, 1, 2, \cdots, n-1$ に対して次の計算を行う．

$$x_{j+1} = x_j + \Delta x$$

$$y_{j+1} = y_j + f(x_j, y_j)\Delta x$$

以下，簡単な例題によって具体的にオイラー法による 1 階常微分方程式の初期値問題を解くことにする．

例1　リッカチの微分方程式（オイラー法）

$$\frac{dy}{dx} = (x^2 + x + 1) - (2x + 1)y + y^2$$

を初期条件 $x_0 = 0$ において $y_0 = 0.5$ のもとで，$\Delta x = 0.1$ として解くと以下のようになる．

$$y_1 = y_0 + \Delta x[(x_0^2 + x_0 + 1) - (2x_0 + 1)y_0 + y_0^2]$$

$$= 0.5 + 0.1 \times (1 - 0.5 + 0.25) = 0.575$$

$$y_2 = y_1 + \Delta x[(x_1^2 + x_1 + 1) - (2x_1 + 1)y_1 + y_1^2]$$
$$= 0.575 + 0.1 \times [(0.01 + 0.1 + 1) - (0.2 + 0.1 + 1) \times 0.575 + (0.575)^2]$$
$$= 0.65006$$
...

上の方程式は**求積法**で解くことができ，厳密解は
$$y = \frac{xe^x + x + 1}{e^x + 1}$$
となる．近似解と厳密解の比較を表 12.1 に示す．

なお，この例題の微分方程式はリッカチの微分方程式とよばれる
$$\frac{dy}{dx} = p(x) + q(x)y + r(x)y^2$$
の特殊な場合である．上の例題ではたまたま厳密解があったが，一般にはリッカチの方程式は求積法では解が求まらないことが知られている．

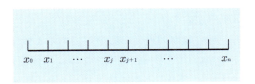

図 12.2　離散化

表 12.1　近似解と厳密解の比較（オイラー法）

x の値	近似解	厳密解
0.00000	0.50000000	0.50000000
0.10000	0.57499999	0.57502085
0.20000	0.65006250	0.65016609
0.30000	0.72531188	0.72555751
0.40000	0.80086970	0.80131239
0.50000	0.87685239	0.87754065
0.60000	0.95336890	0.95434374
0.70000	1.03051901	1.03181231
0.80000	1.10839140	1.11002553
0.90000	1.18706274	1.18905067
1.00000	1.26659691	1.26894152
1.10000	1.34704459	1.34974003
1.20000	1.42844319	1.43147540
1.30000	1.51081753	1.51416516
1.40000	1.59418023	1.59781611
1.50000	1.67853284	1.68242574
1.60000	1.76386690	1.76798177
1.70000	1.85016549	1.85446537
1.80000	1.93740392	1.94185138
1.90000	2.02555156	2.03010869
2.00000	2.11457276	2.11920333

116　　　　　第 12 章　微分方程式その 1

12.3　精度の向上

オイラー法は非常に簡便でわかりやすい方法であるが，刻み幅を小さくとってもなかなか解の精度が上がらないという欠点がある．そこで本節では精度を上げる方法を紹介する．

微分方程式 (12.1) を解くためにテイラー展開の公式

$$y(x + h) = y(x) + hy'(x) + \frac{1}{2}h^2 y''(x) + \frac{1}{6}h^3 y^{(3)} + \cdots$$

$$= y(x) + h\left\{y'(x) + \frac{1}{2}hy''(x) + \frac{1}{6}h^2 y^{(3)} + \cdots\right\} \tag{12.7}$$

を利用を考える．上式の括弧内の y の導関数を微分方程式 (12.1) を用いて書き換えれば

$$y(x + h) = y(x) + h\left\{f(x, y) + \frac{1}{2}h\frac{df}{dx} + \frac{1}{6}h^2\frac{d^2f}{dx^2} + \cdots\right\} \tag{12.8}$$

となる．いま h が小さいとして上式右辺の括弧内の h のベキの項を省略すればオイラー法の式 (12.4)（ただし $h = \Delta x$）が得られる．このとき省略した項が誤差になるが，各導関数の値が同程度の大きさであると仮定すると，h が小さいとしたため，誤差の項の中でもっとも大きな項（主要項）は h の項であり，$h^2, h^3, \cdots$ の項は小さい．このとき誤差は h の（1 乗の）オーダーであると考えられるためオイラー法は**精度**が 1 であるとよばれる．

この議論からオイラー法より精度のよい公式をつくるには式 (12.7) の右辺の括弧内の項をなるべく多く残せばよいことがわかる．そこで h の項を残し，h^2 以上の項を省略すれば，式 (12.8) のかわりに

$$y(x + h) = y(x) + h\left\{f(x, y) + \frac{1}{2}h\frac{df}{dx}\right\} \tag{12.9}$$

となる．ここで f は x と y の関数であるから，

$$\frac{df}{dx} = \frac{\partial f}{\partial x}\frac{dx}{dx} + \frac{\partial f}{\partial y}\frac{dy}{dx} = f_x + f_y f \tag{12.10}$$

となることに注意すれば，式 (12.9) は

$$y(x + h) = y(x) + h\left\{f(x, y) + \frac{1}{2}h(f_x + f_y f)\right\} \tag{12.11}$$

12.3 精度の向上 **117**

と書き換えられる．この公式の精度は 2 であるが，偏微分 f_x, f_y を計算する必要がある．そこで式 (12.11) と精度は同じであるが偏微分の計算の必要がない方法をつくることを考える．ただし，その場合には x と $x+h$ の間に別の評価点が必要になる．

いま，x から少し離れた点 $x + ph$ における関数 y の値は式 (12.4) から $y + phf(x, y)$ に近いと考えられるため，それを $y + qhf(x, y)$ とおく．ただし p, q はこれから定める定数である．このとき $f(x+ph, y+qhf)$ の値を $f(x, y)$ を使って評価してみよう．それには 2 変数に関するテイラー展開

$$f(x + \Delta x, y + \Delta y) = f(x, y) + f_x \Delta x + f_y \Delta y + O((\Delta x)^2, \Delta x \Delta y, (\Delta y)^2) \tag{12.12}$$

を利用する．この式で Δx を ph, Δy を qhf とおけば

$$f(x+ph, y+qhf) = f(x, y) + phf_x + qhff_y + O(h^2) \tag{12.13}$$

となるため，r, s を適当な定数として

$$rf(x, y) + sf(x+ph, y+qhf) = (r+s)f(x, y) + sphf_x + sqhff_y + O(h^2) \tag{12.14}$$

という等式が得られる．ここで式 (12.11) の右辺の中括弧内に注目して式 (12.14) の右辺と比較すれば，もし

$$r+s = 1, \quad sp = \frac{1}{2}, \quad sq = \frac{1}{2} \tag{12.15}$$

が成り立てば誤差 h^2 の範囲内で両者は一致することがわかる．ところが，微分方程式の近似解として式 (12.11) を用いた場合にはその括弧内にはすでに h^2 の誤差を含んでいたことを思い出すと，中括弧内の式を式 (12.14) の左辺で置き換えてもよいことがわかる．すなわち，式 (12.15) の条件のもとで，精度 2 の近似式

$$y(x+h) = y(x) + h\{rf(x, y) + sf(x+ph, y+qhf(x, y))\} \tag{12.16}$$

が得られる．この場合はもはや偏微分を計算する必要はない．

118　　　　第 12 章　微分方程式その 1

12.4　ルンゲ・クッタ法

　式 (12.15) は 4 つの未知数 p, q, r, s に対する 3 つの方程式であるため解は
ひととおりには決まらないが，たとえば

$$r = 1/2, \quad s = 1/2, \quad p = 1, \quad q = 1$$

とする．このとき式 (12.16) は

$$y_{j+1} = y_j + \frac{h}{2}\{f(x_j, y_j) + f(x_j + h, y_j + hf(x_j, y_j))\} \tag{12.17}$$

となる．同じことであるが式 (12.17) は

$$s_1 = f(x_j, y_j), \quad s_2 = f(x_j + h, y_j + hs_1), \quad y_{j+1} = y_j + \frac{h}{2}(s_1 + s_2)$$

とも書ける．この方法は**ホイン法**または **2 次のルンゲ・クッタ法**とよばれている．

　同じ考え方でテイラー展開式を 4 次の項まで残すと，4 次精度の公式が得ら
れる．このとき，13 個の未知数に対する 11 個の方程式になるため解は不定に
なるが，係数が簡単になるものを選ぶと次の公式が得られる．

$$s_1 = f(x_j, y_j)$$

$$s_2 = f(x_j + h/2, y_j + hs_1/2)$$

$$s_3 = f(x_j + h/2, y_j + hs_2/2) \tag{12.18}$$

$$s_4 = f(x_j + h, y_j + hs_3)$$

$$y_{j+1} = y_j + \frac{h}{6}(s_1 + 2s_2 + 2s_3 + s_4)$$

この方法は **4 次のルンゲ・クッタ法**（または単に**ルンゲ・クッタ法**）とよばれ
るが，常微分方程式の初期値問題を解く標準的な方法のひとつである．

4 次のルンゲ・クッタ法のアルゴリズム
1. $f(x, y)$, a, b, n, y_0 を入力
2. $h = (b - a)/n$, $x_0 = a$
3. $j = 0, 1, 2, \cdots, n - 1$ に対して次の計算を行う．

$$s_1 = f(x_j, y_j)$$
$$s_2 = f(x_j + h/2, y_j + hs_1/2)$$
$$s_3 = f(x_j + h/2, y_j + hs_2/2)$$
$$s_4 = f(x_j + h, y_j + hs_3)$$
$$x_{j+1} = x_j + h, \quad y_{j+1} = y_j + \frac{h}{6}(s_1 + 2s_2 + 2s_3 + s_4)$$

例1 リッカチの方程式（ルンゲ・クッタ法）

12.2 節の例 1 の方程式をルンゲ・クッタ法で解くと

$$s_1 = 0.1 \times (1 - 0.5 + 0.25) = 0.075$$

$$s_2 = 0.1 \times [(0.05)^2 + 0.05 + 1 - (2 \times 0.05 + 1) \times 0.5375 + (0.5375)^2]$$
$$= 0.07502$$

同様に，$s_3 = 0.07502$，$s_4 = 0.07506$，となるため

$$y_1 = 0.5 + \frac{1}{6}(0.075 + 2 \times 0.07502 + 2 \times 0.07502 + 0.07506) = 0.57502$$

$\cdots$

というように y_1 が求まる．以下同じことを繰り返す．この問題は 12.2 節でも取り上げたが，厳密解との比較を表 12.2 に示す．オイラー法に比べて精度がよいことがわかる．

表 **12.2** 近似解と厳密解の比較（ルンゲ・クッタ法）

x の値	近似解	厳密解			
0.00000	0.50000000	0.50000000	1.00000	1.26894140	1.26894152
0.10000	0.57502079	0.57502085	1.10000	1.34973991	1.34974003
0.20000	0.65016598	0.65016609	1.20000	1.43147528	1.43147540
0.30000	0.72555745	0.72555751	1.30000	1.51416516	1.51416516
0.40000	0.80131233	0.80131239	1.40000	1.59781623	1.59781611
0.50000	0.87754065	0.87754065	1.50000	1.68242562	1.68242574
0.60000	0.95434368	0.95434374	1.60000	1.76798177	1.76798177
0.70000	1.03181219	1.03181231	1.70000	1.85446548	1.85446537
0.80000	1.11002553	1.11002553	1.80000	1.94185126	1.94185138
0.90000	1.18905044	1.18905067	1.90000	2.03010869	2.03010869
			2.00000	2.11920309	2.11920333

第 12 章　微分方程式その 1

第 12 章の章末問題

問 1　次の微分方程式を区間を 4 等分してオイラー法で解け.

(1) $y' = 2 - 3y$　$y(0) = 0$　$(0 \leq x \leq 1)$

(2) $y' = \dfrac{y}{1 + x}$　$y(0) = 1$　$(0 \leq x \leq 1)$

問 2　問 1 の微分方程式を区間を 4 等分してホイン法で解け.

問 3　問 1 の微分方程式を区間を 4 等分してルンゲ・クッタ法で解け.

コラム　自然現象と偏微分方程式

　実在現象は微分方程式で記述されることが多い. それは, 全体として見た場合に, 複雑な現象であっても小さな領域に分けて調べると簡単な法則から成り立っていることが多々あるからである. 微分方程式は未知の関数を求める方程式であるが, 独立変数が 1 つの関数の場合を常微分方程式, 2 つ以上の場合を偏微分方程式とよんで区別している. 惑星など質点の運動は質点の位置を指定すれば決まるが, 位置は時間だけの関数である. したがって, 運動は常微分方程式で記述される. 一方, 温度や気圧などは広がりをもっており, 時間だけでなく場所が異なっても値に差がある. いいかえれば, 時間と空間の位置が独立変数になる. したがって, 支配方程式は必然的に偏微分方程式になる. このような空間的に広がりをもった量は自然の中にいくらでもため, 自然科学においては偏微分方程式が頻繁に現れ, それを解くことが重要になる. 一方, 微分方程式といってもあまり高階の微分が現れるのはまれである. それは自然現象を記述する場合, 加速度や平均からのずれが基本になることが多く, それらがそれぞれ時間に関する 2 階微分と空間に関する 2 階微分で表されるからである. 偏微分方程式を解く代表的な方法には, 差分法や有限要素法, また境界要素法があるが, それぞれの解法には一長一短がある. ただし, 共通していえることはこれらの方法では微分方程式が最終的には連立 1 次方程式で近似されるということで, その意味からも連立 1 次方程式の解法が数値計算では非常に重要な話題になる.

第13章
微分方程式その2

12章では1階微分方程式の初期値問題を解く最も簡単な方法であるオイラー法と標準的な解法であるルンゲ・クッタ法を紹介した．常微分方程式の初期値問題は非常に重要であるため，解法はこれら2つだけでなくいろいろ考えられている．そこで，本章の前半ではその中で重要と思われる方法のいくつか紹介する．本章の後半では連立微分方程式および高階の微分方程式の初期値問題を取り上げ，12章や本章で紹介した方法がこういった微分方程式にそのまま適用できることを示す．

●本章の内容●
予測子・修正子法
アダムス・バッシュフォース法
連立微分方程式
高階微分方程式

122　　　　　　　　　第 13 章　微分方程式その 2

13.1　予測子・修正子法

　1 階微分方程式 (12.1) を解く場合，一般に x 軸を離散点 x_j $(j = 0, 1, \cdots)$ に区切り，各離散点における微分方程式の近似値を求める．12.4 節で述べた方法はある離散点 x_j から次の離散点 x_{j+1} における近似値を求める場合に途中の点 $(x_j + h/2)$ での値を用いることにより精度を上げる方法であった．本節で述べる方法は途中の点における値を用いずに多くの離散点での値を用いることにより精度を上げる．

　x_{j+1} における微分方程式 (12.1) の近似解を求めるために，k を 0 または正の整数として，この式を区間 $[x_{j-k}, x_{j+1}]$ で積分してみよう．このとき

$$\int_{x_{j-k}}^{x_{j+1}} \frac{dy}{dx} dx = \int_{x_{j-k}}^{x_{j+1}} f(x, y) dx \tag{13.1}$$

となるが，左辺は積分できて

$$\int_{x_{j-k}}^{x_{j+1}} \frac{dy}{dx} dx = \Big[y \Big]_{x_{j-k}}^{x_{j+1}} = y(x_{j+1}) - y(x_{j-k}) = y_{j+1} - y_{j-k} \tag{13.2}$$

となる．一方，右辺には未知の y が含まれているためこのままでは計算できないが，とりあえず形式的に数値積分を行う．このとき k の値により数値積分に用いる積分公式が異なる．ここでは具体的な公式を得るため，$k = 0$ と $k = 1$ の場合について考える．また簡単のため，各離散点は等間隔（幅 h）に並んでいるものとする．

　まず $k = 0$ の場合を考える．このとき式 (13.1) の右辺は 2 点 x_j, x_{j+1} を用いて近似することになるため，台形公式

$$\int_{x_j}^{x_{j+1}} f(x, y) dx \fallingdotseq \frac{h}{2} (f(x_j, y_j) + f(x_{j+1}, y_{j+1})) \tag{13.3}$$

を利用する．式 (13.2) と式 (13.3) から

$$y_{j+1} - y_j = \frac{h}{2} (f(x_j, y_j) + f(x_{j+1}, y_{j+1})) \tag{13.4}$$

という近似公式が得られるが，式 (13.4) は右辺にも未知数 y_{j+1} があるため，関数 $f(x, y)$ が簡単な場合を除いて，解を求めるのは容易ではない．そこでそれに代わる方法として，式 (13.4) の右辺の y_{j+1} は別の方法を用いて値を予測し

13.1 予測子・修正子法

て，式 (13.4) は y_{j+1} を修正するために用いるという方法が考えられる．最も簡単に前章で述べたオイラー法を予測に用い，予測値を y_{j+1}^* と記すことにすれば

$$y_{j+1}^* = y_j + hf(x_j, y_j)$$
$$y_{j+1} = y_j + \frac{h}{2}(f(x_j, y_j) + f(x_{j+1}, y_{j+1}^*)) \tag{13.5}$$

という方法が得られる．

このように最終的に解を求めるために，予測の段階と修正の段階の 2 段階に分ける方法を**予測子・修正子法**とよぶ．

なお，式 (13.5) の第 1 式を第 2 式に代入して y_{j+1}^* を消去すれば

$$y_{j+1} = y_j + \frac{h}{2}\{f(x_j, y_j) + f(x_{j+1}, y_j + hf(x_j, y_j))\}$$

となるが，これはホイン法と一致する．

次に $k = 1$ の場合は，式 (13.1) の右辺は 3 点 x_{j-1}, x_j, x_{j+1} を用いて近似することになるため，シンプソンの公式

$$\int_{x_{j-1}}^{x_{j+1}} f(x, y)dx \fallingdotseq \frac{h}{3}(f(x_{j-1}, y_{j-1}) + 4f(x_j, y_j) + f(x_{j+1}, y_{j+1})) \tag{13.6}$$

を利用する（ただし，x_{j-1}, x_j, x_{j+1} は等間隔（$= h$）で並んでいるとしている）．このとき予測子にも精度の高い公式を用いる．一例として次の方法がある．

$$y_{j+1}^* = y_{j-3} + \frac{4h}{3}(2f(x_{j-2}, y_{j-2}) - f(x_{j-1}, y_{j-1}) + 2f(x_j, y_j))$$
$$y_{j+1} = y_{j-1} + \frac{h}{3}(f(x_{j-1}, y_{j-1}) + 4f(x_j, y_j) + f(x_{j+1}, y_{j+1}^*))$$

$$\tag{13.7}$$

この方法は**ミルン法**とよばれている．

124 第 13 章 微分方程式その 2

13.2 アダムス・バッシュフォース法

数値積分を利用する方法で前節の方法と少し異なった方法にアダムス法とよばれる一連の方法がある．この方法は積分区間を $[x_j, x_{j+1}]$ に限定した上で被積分関数 $f(x, y)$ を多項式で近似する．すなわち

$$y_{j+1} = y_j + \int_{x_j}^{x_{j+1}} f(x, y)dx \tag{13.8}$$

とした上で $f(x, y)$ を積分可能な多項式でおきかえる．

まず (x_{j+1}, f_{j+1}) を使わない方法として**アダムス・バッシュフォース法**がある．この方法は $f(x, y)$ を 2 点 (x_{j-1}, f_{j-1}) および (x_j, f_j) を通る直線

$$P(x) = f_{j-1} + \frac{f_j - f_{j-1}}{h}(x - x_{j-1})$$

で置き換える（図 13.1）．これを実際に式 (13.8) に代入して積分を実行すると

$$y_{j+1} = y_j + \frac{h}{2}(3f(x_j, y_j) - f(x_{j-1}, y_{j-1})) \tag{13.9}$$

となる（2 次精度）．同様に $f(x, y)$ を 3 点 (x_{j-2}, f_{j-2}), (x_{j-1}, f_{j-1}) および (x_j, f_j) を通る放物線で置き換えて式 (13.8) に代入して積分を実行すれば

$$y_{j+1} = y_j + \frac{h}{12}(23f(x_j, y_j) - 16f(x_{j-1}, y_{j-1}) + 5f(x_{j-2}, y_{j-2}))$$

$$\tag{13.10}$$

が得られる（3 次精度）．

次に (x_{j+1}, f_{j+1}) を使う方法として**アダムス・ムルトン法**がある．$f(x, y)$ を 2 点 (x_j, f_j) および (x_{j+1}, f_{j+1}) を通る直線で置き換えた場合には台形公式 (13.3) と同じになるが，3 点を利用する場合には (x_{j-1}, f_{j-1}), (x_j, f_j) および (x_{j+1}, f_{j+1}) を通る 2 次曲線を式 (13.8) に代入し積分すれば

$$y_{j+1} = y_j + \frac{h}{12}(5f(x_{j+1}, y_{j+1}) + 8f(x_j, y_j) - f(x_{j-1}, y_{j-1})) \tag{13.11}$$

という公式が得られる．この場合，未知の y_{j+1} が右辺にもあるため，たとえば修正子として用いる．

13.2 アダムス・バッシュフォース法

以下，このような考え方で得られた公式をいくつか列挙する．ただし，各公式において，$f_{j+1} = f(x_{j+1}, y^*_{j+1})$ である．

$$\left.\begin{aligned} y^*_{j+1} &= y_j + h(3f_j - f_{j-1})/2 \\ y_{j+1} &= y_j + h(f_{j+1} + f_j)/2 \end{aligned}\right\} \quad (13.12)$$

$$\left.\begin{aligned} y^*_{j+1} &= y_j + h(23f_j - 16f_{j-1} + 5f_{j-2})/12 \\ y_{j+1} &= y_j + h(5f_{j+1} + 8f_j - f_{j-1})/2 \end{aligned}\right\} \quad (13.13)$$

$$\left.\begin{aligned} y^*_{j+1} &= y_j + h(55f_j - 59f_{j-1} + 37f_{j-2} - 9f_{j-3})/24 \\ y_{j+1} &= y_j + h(9f_{j+1} + 19f_j - 5f_{j-1} + f_{j-2})/24 \end{aligned}\right\} \quad (13.14)$$

$$\left.\begin{aligned} y^*_{j+1} &= y_j + h(1901f_j - 277f_{j-1} + 2616f_{j-2} - 1274f_{j-3} + 251f_{j-4})/720 \\ y_{j+1} &= y_j + h(251f_{j+1} + 646f_j - 264f_{j-1} + 106f_{j-2} - 19f_{j-3})/720 \end{aligned}\right\} \quad (13.15)$$

> **2次精度アダムス・バッシュフォース法のアルゴリズム**
> 1. $f(x, y)$, x_0, y_0, h, n を入力
> 2. 2次のルンゲ・クッタ法で，y_1 を求める
> 3. $j = 1, 2, \cdots, n$ に対して次の計算を行う．
> $$x_{j+1} = x_j + h$$
> $$y_{j+1} = y_j + h(3f(x_j, y_j) - f(x_{j-1}, y_{j-1}))/2$$

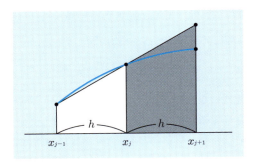

図 **13.1** アダムス・バッシュフォース法

126　　　　　　第 13 章　微分方程式その 2

13.3　連立微分方程式

　オイラー法は**連立 1 階微分方程式**の初期値問題にもそのまま適用できる．簡単のため，まず次の連立 2 元の微分方程式を考える．

$$\frac{dy}{dx} = f(x, y, z), \quad \frac{dz}{dx} = g(x, y, z) \tag{13.16}$$

ただし

$$y(0) = a, \quad z(0) = b \tag{13.17}$$

とする．ここで，オイラー法は式 (13.16) の微分を

$$dy/dx \fallingdotseq (y_{j+1} - y_j)/(x_{j+1} - x_j), \quad dz/dx \fallingdotseq (z_{j+1} - z_j)/(x_{j+1} - x_j) \tag{13.18}$$

で近似するため，これを式 (13.16) の左辺に代入して分母を払って整理すれば

$$y_{j+1} = y_j + (x_{j+1} - x_j)f(x_j, y_j, z_j)$$
$$z_{j+1} = z_j + (x_{j+1} - x_j)g(x_j, y_j, z_j) \tag{13.19}$$

が得られる．f, g および初期条件から y_0, z_0 は既知であるため，それを式 (13.19) の右辺に代入して計算すれば y_1, z_1 が計算できる．以下同様に y_1, z_1 から y_2, z_2 が，y_2, z_2 から y_3, z_3 というように，y_j, z_j が順に求まる．

　上の議論からわかるようにこの方法はそのまま 3 元以上の連立微分方程式にも適用できる．たとえば，3 元連立微分方程式

$$\frac{dy}{dx} = f(x, y, z, u), \quad \frac{dz}{dx} = g(x, y, z, u), \quad \frac{du}{dx} = h(x, y, z, u) \tag{13.20}$$

に対しては，式 (13.19) に対応する近似式は

$$y_{j+1} = y_j + (x_{j+1} - x_j)f(x_j, y_j, z_j, u_j)$$
$$z_{j+1} = z_j + (x_{j+1} - x_j)g(x_j, y_j, z_j, u_j)$$
$$u_{j+1} = u_j + (x_{j+1} - x_j)h(x_j, y_j, z_j, u_j) \tag{13.21}$$

となる．上式は漸化式になっており，式 (13.19) の場合と同様に初期値 y_0, z_0, u_0 と分点 x_i の値を与えることにより，順に値を計算していくことができる．

　オイラー法だけではなく，今まで紹介したすべての方法は式 (13.16), (13.20) などの連立微分方程式にそのまま適用できる．例として方程式 (13.16) にルン

13.3　連立微分方程式　　**127**

ゲ・クッタ法を適用すると次のようになる $(h = x_{j+1} - x_j)$：

$$s_1 = f(x_j, y_j, z_j)$$

$$r_1 = g(x_j, y_j, z_j)$$

$$s_2 = f(x_j + h/2, y_j + hs_1/2, z_j + hr_1/2)$$

$$r_2 = g(x_j + h/2, y_j + hs_1/2, z_j + hr_1/2)$$

$$s_3 = f(x_j + h/2, y_j + hs_2/2, z_j + hr_2/2)$$

$$r_3 = g(x_j + h/2, y_j + hs_2/2, z_j + hr_2/2) \qquad (13.22)$$

$$s_4 = f(x_j + h, y_j + hs_3, z_j + hr_3)$$

$$r_4 = g(x_j + h, y_j + hs_3, z_j + hr_3)$$

$$y_{j+1} = y_j + \frac{h}{6}(s_1 + 2s_2 + 2s_3 + s_4)$$

$$z_{j+1} = z_j + \frac{h}{6}(r_1 + 2r_2 + 2r_3 + r_4)$$

例1　連立微分方程式の初期値問題

$$\frac{dy}{dx} = z, \quad \frac{dz}{dx} = y, \quad y(0) = 1, \quad z(0) = 0$$

を例にとる．刻み幅を等間隔 h にとったとすれば，上式は

$$y_{j+1} = y_j + hz_j ; \quad z_{j+1} = z_j + hy_j$$

と近似できるから，

$$y_1 = y_0 + hz_0 = 1 ; \quad z_1 = z_0 + hy_0 = h$$

$$y_2 = y_1 + hz_1 = 1 + h^2 ; \quad z_2 = z_1 + hy_1 = 2h$$

$$\cdots$$

のように計算ができる．なお，この場合は

$$y_{j+1} \pm z_{j+1} = (y_j \pm z_j) + h(y_j \pm z_j) = (1 + h)(y_j \pm z_j)$$

となるため，

$$y_j \pm z_j = (1 \pm h)^j (y_0 \pm z_0) = (1 \pm h)^j$$

より y_j, z_j に対して次のような一般式が得られる．

$$y_j = ((1+h)^j + (1-h)^j)/2, \quad z_j = ((1+h)^j - (1-h)^j)/2 \qquad \square$$

13.4 高階微分方程式

オイラー法は**高階微分方程式**の初期値問題にも適用できる．たとえば2階微分方程式の場合には，

$$\frac{d^2y}{dx^2} = f\left(x,\, y,\, \frac{dy}{dx}\right) \tag{13.23}$$

$$y(0) = a, \quad y'(0) = b \tag{13.24}$$

を解くことになるが，次のようにすればよい．いま，

$$\frac{dy}{dx} = z \tag{13.25}$$

とおけば式 (13.23) と式 (13.24) は

$$\frac{dz}{dx} = f(x,\, y,\, z) \tag{13.26}$$

$$y(0) = a, \quad z(0) = b \tag{13.27}$$

となる．このとき式 (13.25), (13.26), (13.27) は連立2元1階微分方程式の初期値問題 (13.16), (13.17) の特殊な場合とみなせるため，連立2元1階微分方程式を解いたのと全く同じ手順で解くことができる．

同様の置き換えにより n 階常微分方程式の初期値問題は常に連立 n 元1階微分方程式の初期値問題に書き直すことができるためオイラー法やルンゲ・クッタ法などが使えることになる．

例1 ファン・デル・ポールの方程式

次の2階微分方程式

$$\frac{d^2y}{dx^2} - \beta(1-y^2)\frac{dy}{dx} + y = f(x) \tag{13.28}$$

は**ファン・デル・ポールの微分方程式**とよばれる．ここでは

$$f(x) = \sin x, \quad y(0) = y'(0) = 0, \quad \beta = 0.25$$

の場合を考える．$dy/dx = z$ とおけば，この2階微分方程式は

$$\frac{dz}{dx} = 0.25(1-y^2)z - y + \sin x$$

13.4 高階微分方程式

$$\frac{dy}{dx} = z$$

となる．そこでオイラー法で解くと，初期条件 $y(0) = 0$, $z(0) = y'(0) = 0$ に注意して，$h = 0.1$ の場合には

$y_1 = 0 + 0.1 \times 0 = 0$

$z_1 = 0 + 0.1 \times (0.25 \times (1 - 0.0) \times 0 - 0 + 0) = 0$

$y_2 = 0 + 0.1 \times 0 = 0$

$z_2 = 0 + 0.1 \times (0.25 \times (1 - 0.0) \times 0 - 0 + \sin(0.1)) = 0.009983$

$\cdots$

というように順に解が求まる．同様にしてルンゲ・クッタ法でも解くことができる．以下に $\beta = 0.25$, $h = 0.1$ として $x = 0$ からはじめて $x = 10$ まで解いた例を示す．図 13.2 は (x, y) を図示したもの，また図 13.3 は (y, z) を図示したものである（ルンゲ・クッタ法を用いた場合）． □

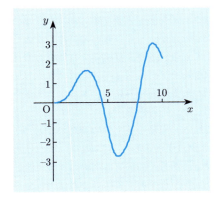

図 13.2 ファン・デル・ポール方程式の解 (x, y)

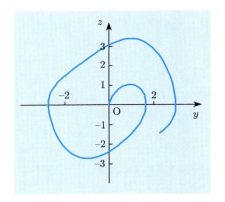

図 13.3 ファン・デル・ポール方程式の解 (y, z)

130　　　　　　　　　　第 13 章　微分方程式その 2

第13章の章末問題

問 1　次の微分方程式を区間 $[0,1]$ で考え，区間を 4 等分してアダムス・バッシュフォース法で解け．ただし，y_1 はホイン法で求めよ．

(1) $y' = 2 - 3y$, $\quad y(0) = 0$　　(2) $y' = \dfrac{y}{1+x}$, $\quad y(0) = 1$

問 2　2 階微分方程式 $y'' + y = 0$, $y(0) = 2$, $y'(0) = 0$ について以下の問いに答えよ．

(1) 刻み幅を h にとって，オイラー法で解くときの漸化式を求めよ．

(2) 上の漸化式を解いて，y_n, z_n を求めよ．

問 3　3 階の微分方程式の初期値問題をホイン法で解く方法を記せ．

$$\frac{d^3 y}{dx^3} = f\left(x, y, \frac{dy}{dx}, \frac{d^2 y}{dx^2}\right), \quad y(0) = a, \quad y'(0) = b, \quad y''(0) = c$$

コラム　アダムスとバッシュフォース

　アダムスとバッシュフォースはケンブリッジ大セントジョーンズカレッジの同級生で数学の卒業試験でアダムスは 1 番，バッシュフォースは 2 番であった．卒業当時は 2 人は特に親しいというわけではなかったが，後年になって終生の友人になった．バッシュフォースは弾道学の研究で知られるが，弾道学では微分方程式を多用する．こういった微分方程式の数値解法をアダムスと相談した結果，アダムス・バッシュフォース法が生まれたと思われる．ちなみに，アダムスは天王星の外側に海王星があることを理論的に予測した人物である．

　海王星の発見には次のようなエピソードがある．当時の天文学の疑問のひとつに天王星の軌道がニュートン力学の予測とわずかにずれるというものがあった．この現象を説明するために，天王星は非常に遠くにあるため，万有引力の法則（逆 2 乗則）に少し修正がいると考えた人もいた．しかし，アダムスは望遠鏡の性能が悪くて見えないだけであると考え，天王星の外側に未知の惑星の存在を仮定して計算を行い，その位置を予言した．アダムスはこの結果をグリニッジ天文台に報告したが，若かったためか無視されてしまった．その後，フランスの天文学者のルブリエも同様の予測をして，ドイツの天文台に観測を依頼した結果，8 番目の惑星が発見された．ちなみに，ルブリエは天気図を使った天気予報の有用性をはじめて示した人物でもある．

第14章
微分方程式その3

　微分方程式には 12 章，13 章で取り上げた初期値問題の他に境界値問題とよばれる問題があり，初期値問題とともに重要である．本章の主目的は差分法とよばれる方法で境界値問題を解くことである．差分法とは微分を差分（数値微分）におきかえて解く方法であるため，まず数値微分の公式の導き方を示す．そのあとで境界値問題の取り扱いを示す．最後に拡散方程式を例にとって偏微分方程式のひとつの近似解法である線の方法とよばれる方法を紹介する．これは，連立微分方程式の初期値問題の解法と本章で取り上げる境界値問題の応用になっている．

●本章の内容●

数値微分

境界値問題（1）

境界値問題（2）

線の方法

14.1 数値微分

次節の図 14.1 に示すような**差分格子**をとる．図の点 P における 2 階微分の差分近似は 3 点 u_{j-1}, u_j, u_{j+1} の線形結合で表されると考えられる（3 点を与えれば 2 次式が決まり，2 階微分が定義できるため）．そこで

$$\frac{d^2u}{dx^2}\bigg|_{x=x_j} \fallingdotseq au_{j-1} + bu_j + cu_{j+1} \tag{14.1}$$

とおいてみよう．この式に関数 u の点 x_j のまわりのテイラー展開

$$u_{j-1} = u(x_j - k) = u(x_j) - ku'(x_j) + \frac{k^2}{2}u''(x_j) - \frac{k^3}{6}u^{(3)}(x_j) + \cdots$$

$$u_{j+1} = u(x_j + h) = u(x_j) + hu'(x_j) + \frac{h^2}{2}u''(x_j) + \frac{h^3}{6}u^{(3)}(x_j) + \cdots$$

（ただし $k = x_j - x_{j-1}$, $h = x_{j+1} - x_j$）を代入して整理すると

$$au_{j-1} + bu_j + cu_{j+1} = (a+b+c)u(x_j) + (-ak+ch)u'(x_j)$$
$$+ \frac{ak^2 + ch^2}{2}u''(x_j) + \frac{-ak^3 + ch^3}{6}u^{(3)}(x_j) + \cdots \tag{14.2}$$

となる．この式が $x = x_j$ における 2 階微分の近似であるためには

$$a + b + c = 0, \quad -ak + ch = 0, \quad \frac{1}{2}(ak^2 + ch^2) = 1$$

となればよい．a, b, c に関するこの連立 1 次方程式を解けば

$$a = \frac{2}{k(k+h)}, \quad b = -\frac{2}{kh}, \quad c = \frac{2}{h(k+h)}$$

となるため，これらを式 (14.1) に代入して

$$\frac{d^2u}{dx^2}\bigg|_{x=x_j} \fallingdotseq \frac{2}{k(k+h)}u_{j-1} - \frac{2}{kh}u_j + \frac{2}{h(k+h)}u_{j+1} \tag{14.3}$$

という近似式が得られる．この公式は式 (14.2) で k^3, h^3 以上の項を無視した式であるが a, c は h^{-2}, k^{-2} の大きさであるため，精度は 1 であるという．**等間隔格子**を用いた場合には式 (14.3) において $k = h$ とおけば，

$$\frac{d^2u}{dx^2}\bigg|_{x=x_j} \fallingdotseq \frac{u_{j-1} - 2u_j + u_{j+1}}{h^2} \tag{14.4}$$

14.1 数値微分 **133**

が得られる．この場合，式 (14.2) において $u^{(3)}$ の項も消えるため精度は 2 である．

上の差分公式の導き方からもわかるように，一般に n 階微分を近似する場合には最低 $n+1$ 点での関数値が必要になる．なぜなら，その場合テイラー展開した式において $0, 1, \cdots, n-1$ 階微分の係数を 0，n 階微分の係数を 1 にする必要があり，全体で $n+1$ 元の連立方程式となるため，それが解をもつには未知数は $n+1$ 以上必要になるからである．もちろん未知数が $n+1$ を越えると，そのままでは解は一通りには決まらず，いくつもの近似式ができる．そのような場合には，たとえば最も精度がよいなどの条件を課すことができる．

例として，式 (14.3) を導いたのと同じく 1 階微分を 3 点 x_{j-1}, x_j, x_{j+1} での関数値 u_{j-1}, u_j, u_{j+1} を用いて近似してみよう．この場合，式 (14.2) において 0 階微分の係数を 0，1 階微分の係数を 1 とすればよいから

$$a + b + c = 0, \quad -ak + ch = 1$$

となるが，解は一通りには定まらない．そこで最も精度をよくするには，誤差の主要項と考えられる 2 階微分の係数を 0 とおけばよい．すなわち，条件

$$\frac{1}{2}(ak^2 + ch^2) = 0$$

を加える．上の 3 式を連立させて a, b, c を求めれば精度が 2 の近似式

$$\frac{du}{dx} \fallingdotseq -\frac{hu_{j-1}}{k(k+h)} + \frac{(h-k)u_j}{kh} + \frac{ku_{j+1}}{h(k+h)} \tag{14.5}$$

が得られる．特に，等間隔格子の場合にはこの式で $k = h$ とおけば，公式

$$\frac{du}{dx} \fallingdotseq \frac{u_{j+1} - u_{j-1}}{2h} \tag{14.6}$$

が得られる．これを**中心差分**という．

なお，1 階微分は 2 点の値から決まるため，

$$\frac{du}{dx} \fallingdotseq bu_j + cu_{j+1}, \quad \frac{du}{dx} \fallingdotseq au_{j-1} + bu_j$$

とおけば近似式

$$\frac{du}{dx} \fallingdotseq \frac{u_{j+1} - u_j}{h}, \quad \frac{du}{dx} \fallingdotseq \frac{u_j - u_{j-1}}{k} \tag{14.7}$$

が得られる．これらはそれぞれ**前進差分**と**後退差分**とよばれる．

14.2 境界値問題（1）

2階常微分方程式の一般解には2つの任意定数がある．この任意定数の値を決めるためには2つの条件を課せばよいが，前章で述べた初期値問題のように1点での関数値および導関数値を与える場合の他に，異なった2点での関数値または導関数値を与える場合もある．後者の場合で，特に2点として考えている領域の端の点における条件を課す場合，それを**境界条件**とよぶ．また指定された境界条件を満足する微分方程式の解を求める問題を**境界値問題**とよぶ．本節では2階常微分方程式の境界値問題をとりあげる．

例として次の問題を考えよう：

$$\frac{d^2y}{dx^2} + y + x = 0 \quad (0 < x < 1) \tag{14.8}$$

$$y(0) = y(1) = 0 \tag{14.9}$$

この問題を**差分法**とよばれる方法で近似的に解いてみよう．そのために図 14.1 に示すように，考えている領域を小さな区間に分割する．それぞれの区間のことを（差分）**格子**，区間を区切る点のことを**格子点**とよぶ．いま，領域 $[0, 1]$ を J 個の格子に区切って，格子点に左側の境界から順に 0, 1, 2, $\cdots$, J と番号づけを行う．このとき j 番目の格子点の座標を x_j とする．そしてその点における微分方程式の近似解を y_j と記すことにする．

差分法とはオイラー法と同様に導関数を差分近似して解く方法のことである．そこでまず2階微分を差分で近似してみよう．式を簡単にするため，以下では等間隔格子（格子幅を h とする）を用いることにする．このとき

$$\frac{d^2y}{dx^2} \fallingdotseq \frac{y(x-h) - 2y(x) + y(x+h)}{h^2} \tag{14.10}$$

が成り立つ．式 (14.10) において $x = x_j$ とおけば，$y(x_j - h) = y(x_{j-1}) \fallingdotseq y_{j-1}$，$y(x_j + h) = y(x_{j+1}) \fallingdotseq y_{j+1}$ に注意して

$$\left.\frac{d^2y}{dx^2}\right|_{x=x_j} \fallingdotseq \frac{y_{j-1} - 2y_j + y_{j+1}}{h^2} \tag{14.11}$$

となる（式 (14.4) 参照）．さらに $y(x_j) \fallingdotseq y_j$ および $x_j = jh$ であるから，これらを式 (14.8) に代入して分母を払って整理すれば，式 (14.8) の近似式として

$$y_{j-1} - (2-h^2)y_j + y_{j+1} = -jh^3 \tag{14.12}$$

が得られる．j は $1, 2, \cdots, J-1$ のどれをとってもよいので式 (14.12) は $J-1$ 個の連立 1 次方程式を表している．一方，y_0, y_J が境界条件 (14.9) により与えられていることに注意すれば，未知数は $y_1, y_2, \cdots, y_{J-1}$ の合計 $J-1$ 個ある．したがって，方程式の数と未知数の数が一致するため，式 (14.12) は解けることになる．式 (14.12) を境界条件 (14.9) を考慮して書き換えれば

$$\begin{aligned}
(h^2-2)y_1 + y_2 &= -h^3 \\
y_1 + (h^2-2)y_2 + y_3 &= -2h^3 \\
y_2 + (h^2-2)y_3 + y_4 &= -3h^3 \\
&\cdots \\
y_{J-3} + (h^2-2)y_{J-2} + y_{J-1} &= -(J-2)h^3 \\
y_{J-2} + (h^2-2)y_{J-1} &= -(J-1)h^3
\end{aligned} \tag{14.13}$$

となる．これは 3 項方程式であるため 5.4 節で述べたトーマス法を用いて簡単に解くことができる．

例 1 4 格子（$h=1/4$）の場合

$$\begin{aligned}
(1/16-2)y_1 + y_2 &= -1/64 \\
y_1 + (1/16-2)y_2 + y_3 &= -2/64 \\
y_2 + (1/16-2)y_3 &= -3/64
\end{aligned}$$

を解いて，小数点以下 3 桁まで求めると $y_1 = 2465/55676 = 0.04427$, $y_2 = 63/898 = 0.07016$, $y_3 = 3363/55676 = 0.06040$ となる． □

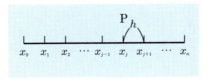

図 14.1 差分法

14.3 境界値問題 (2)

境界条件に導関数を含んでいる場合のとり扱いを示す．例として前節の問題の境界条件を

$$y(0) = 0, \quad y'(1) = 0$$

で置き換えてみよう．このような場合には，境界条件も差分近似する．たとえば1階微分の近似に前進差分を用いれば $x = 1$ での境界条件は，

$$(y_{J+1} - y_J)/h = 0 \quad \text{すなわち，} \quad y_{J+1} = y_J$$

となる．ただし y_{J+1} は図 14.2 に示すように領域外に格子点を拡張してとった仮想的な格子点での y の値である．さらに $x = 1$ では式 (14.12) は

$$y_{J-1} - (2 - h^2)y_J + y_{J+1} = Jh^3$$

となる．したがって y_{J+1} を含んだ2つの式から y_{J+1} を消去すれば

$$y_{J-1} + (h^2 - 1)y_J = Jh^3 \tag{14.14}$$

となる．したがって，この場合に解くべき連立1次方程式は式 (14.13) とほぼ同様であるが，式 (14.13) の最後の方程式を

$$y_{J-2} + (h^2 - 1)y_{J-1} + y_J = (J - 1)h^3$$

で置き換え，さらに式 (14.14) を付け加えたものになる．この場合，y_J も未知数であり，方程式を解いた後に決まる量になっている．

例1 式 (14.8)，(14.9) を領域を 10 等分（$J = 10$, $h = 0.1$）して解く

結果は表 14.1 のようになる．なお，もとの問題は厳密解

$$y = \frac{\sin x}{\sin 1} - x$$

をもつため，同じ表に厳密解ものせている． □

2 階線形微分方程式の境界値問題

$$\frac{d^2u}{dx^2} + p(x)\frac{du}{dx} + q(x)u = r(x), \quad u(a) = A, \quad u(b) = B$$

を解くアルゴリズムは次のようになる．

14.3 境界値問題（2）

> **2階微分方程式の境界値問題のアルゴリズム**
> 1. $p(x)$, $q(x)$, $r(x)$, a, A, b, B, J を入力
> 2. $h = (b-a)/J$
> $j = 1, 2, \cdots, J-1$ に対して次の計算を行う．
> $$x_j = a + jh$$
> $$a_j = 1 - hp(x_j)/2$$
> $$b_j = -(2 - h^2 q(x_j))$$
> $$c_j = 1 + hp(x_j)/2$$
> $$d_j = h^2 r(x_j)$$
> 3. $d_1 := d_1 - a_1 A$, $d_{J-1} := d_{J-1} - c_{J-1} B$
> 4. 3項方程式を解く．

なお，3項方程式の解法は 5.4 節に記されている．

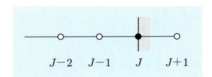

図 14.2 境界の取り扱い

表 14.1 厳密解との比較

x	approx	exact	error
0.100000	0.018659	0.018642	0.094125
0.200000	0.036132	0.036098	0.093993
0.300000	0.051243	0.051195	0.093789
0.400000	0.062842	0.062783	0.093467
0.500000	0.069812	0.069747	0.093058
0.600000	0.071084	0.071018	0.092607
0.700000	0.065646	0.065585	0.091964
0.800000	0.052550	0.052502	0.091326
0.900000	0.030930	0.030902	0.090610

138　　　　　　　　第 14 章　微分方程式その 3

14.4　線の方法

　常微分方程式の解法が偏微分方程式の解法に応用できる場合がある．本節では 1 次元拡散方程式の初期値・境界値問題

$$\frac{\partial u}{\partial t} = \frac{\partial^2 u}{\partial x^2} \quad (0 < x < 1,\ t > 0) \tag{14.15}$$

$$u(0,\ t) = u(1,\ t) = 0\ (t > 0), \quad u(x,\ 0) = f(x)\ (0 < x < 1)$$

を例にとってこのことについて説明する．

　14.2 節で述べた方法（差分法）を参考にして，式 (14.15) を変数 x についてのみ差分近似してみよう．x に関する区間 $[0,\ 1]$ を J 個の格子に分割し左端から順に格子点の座標を $x_0, x_1, \cdots, x_J$ とする．点 x_j での u の値は時間の関数と考えられるため，次のように記すことにする．

$$u_j(t) = u(x_j,\ t)$$

このとき 14.1 節で述べた方法で差分近似すれば，式 (14.15) は点 x_j において

$$\frac{du_j(t)}{dt} = \frac{u_{j-1}(t) - 2u_j(t) + u_{j+1}(t)}{(\Delta x)^2} \quad (j = 1, 2, \cdots, J-1) \tag{14.16}$$

$$u_0(t) = u_J(t) = 0, \quad u_j(0) = f(x_j)$$

となる．ただし，簡単のため格子は等間隔（格子幅 Δx）とした．式 (14.16) は $J-1$ 個の未知関数 u_j に対する連立 $J-1$ 元の常微分方程式とみなすことができるため，今までに述べた各種の方法を用いて解くことができる．たとえば最も簡単にオイラー法を用いれば，

$$u_j(t + \Delta t) = u_j(t) + \frac{\Delta t}{(\Delta x)^2}(u_{j-1}(t) - 2u_j(t) + u_{j+1}(t))$$

となる．時間変数についても等間隔の格子を用い $u_j(n\Delta t) = u_j^n$ と記すことにすれば次のようになる．

$$u_j^{n+1} = u_j^n + \frac{\Delta t}{(\Delta x)^2}(u_{j-1}^n - 2u_j^n + u_{j+1}^n) \quad (j = 1, 2, \cdots, J-1;\ n = 1, 2, \cdots) \tag{14.17}$$

$$u_j^0 = f(x_j)$$

　このように，偏微分方程式に現れる未知関数に対して一部の変数に対しての

み差分近似して，連立常微分方程式にして解く方法を**線の方法**とよんでいる．

> **線の方法で1次元熱伝導方程式を解くアルゴリズム**
> 1. J, m, Δt を入力
> 2. 初期条件 u_j^0 を入力
> 3. 以下の操作を $n = 1, 2, \cdots, m$ の順に m 回繰り返す
>   3.1 境界条件を与える．
>   3.2 $j = 1, 2, \cdots, J-1$ に対して次の計算を行う．
> $$u_j^{n+1} = u_j^n + \frac{\Delta t}{(\Delta x)^2}(u_{j-1}^n - 2u_j^n + u_{j+1}^n)$$

表 14.2 と図 14.3 に式 (14.17) で1次元拡散方程式の初期値・境界値問題を解いた結果を示す．ただし，区間を 10 等分し，Δt を 0.002 とし，また $f(x)$ には以下のような関数を用いている．

$$f(x) = 2x \ (0 \leq x \leq 1/2); \quad f(x) = 2(1-x) \ (1/2 \leq x \leq 1)$$

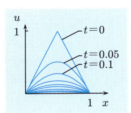

図 14.3　拡散方程式の解

表 14.2　拡散方程式の解

n\j	0	1	2	3	4	5
1	0.000000	0.200000	0.400000	0.600000	0.800000	1.000000
2	0.000000	0.200000	0.400000	0.600000	0.800000	0.920000
3	0.000000	0.200000	0.400000	0.600000	0.784000	0.872000
4	0.000000	0.200000	0.400000	0.596800	0.764800	0.836800
5	0.000000	0.200000	0.399360	0.591040	0.745600	0.808000
6	0.000000	0.199872	0.397824	0.583616	0.727168	0.783040
7	0.000000	0.199488	0.395392	0.575168	0.709632	0.760691
8	0.000000	0.198771	0.392166	0.566106	0.692951	0.740268
9	0.000000	0.197696	0.388275	0.556687	0.677045	0.721341
10	0.000000	0.196273	0.383842	0.547076	0.661833	0.703623
11	0.000000	0.194532	0.378975	0.537381	0.647240	0.686907

140　第 14 章　微分方程式その 3

第 14 章の章末問題

問 1　等間隔 $(= h)$ に並んだ 4 格子点における u の値 u_{j-1}, u_j, u_{j+1}, u_{j+2} を用いて x_j における 3 階微分を近似する式をつくれ.

問 2　次の常微分方程式の境界値問題

$$\frac{d^2 y}{dx^2} + y = -x \quad (0 < x < 1)$$

$$y(0) = 0, \quad y(1) = 2$$

を 4 つの等間隔格子に分割して解け(小数点以下 3 桁まで求めよ).

問 3　1 次元拡散方程式

$$\frac{\partial u}{\partial t} = \frac{\partial^2 u}{\partial x^2}$$

を線の方法で解くとする.結果として得られる常微分方程式の解法に,予測子-修正子法(ただし,予測子にはオイラー法,修正子には台形公式)を用いた場合の近似式を求めよ.

コラム　差分による解釈その 1

　微分で考えていてもピンとこないことが(極限をとる前の)差分で考えるとよくわかることがある.たとえば導関数が正なら増加,負なら減少というのは,1 階微分 du/dx が(たとえば前進差分で)

$$u' \fallingdotseq (u(x+h) - u(x))/h$$

と近似できるため,$u' > 0$ ならば $u(x+h) > u(x)$ で増加となり,$u' < 0$ ならば $u(x+h) < u(x)$ となり減少であるとすぐわかる.同様に 2 階微分が正なら下に凸,負なら上に凸というのも,2 階微分 d^2u/dx^2 が

$$(u(x+h) - 2u(x) + u(x-h))/h^2 = \{(u(x+h) + u(x-h))/2 - u(x)\} \times 2/h^2$$

と近似できることからすぐわかる.すなわち,上式の右辺の中括弧の中は着目点 $(u(x))$ の両隣の点の平均値から着目点の値を引いたものである.したがって,2 階微分が正ということは,まわりの平均より自分の方が下ということで凹んでいる(下に凸)ということであり,2 階微分が正ということは,まわりの平均より自分の方が上ということで上に凸であることを意味している.

第15章
偏微分方程式

　　偏微分方程式は常微分方程式と並んで理工学では非常にしばしば現れる．それは，解析したい現象が多変数の関数である場合が多いからである．たとえば，空間内の温度分布を考えると，温度は時間によっても変化するが，場所が違っても異なる値をとる．いいかえれば，温度は時間と空間変数の関数になる．偏微分方程式を，数学を使って式の形で解くことは常微分方程式以上に困難である．一方，偏微分方程式は，その重要性から各種の数値解法が考えられている．前章で述べた差分法はその代表的なものであるが，有限要素法や境界要素法なども有名である．それぞれの解法には長所・短所があり，問題ごとに使いわけるのがよい．本章では最も単純で適用範囲も広い差分法についてその基本部分について解説する．

●本章の内容●

移流方程式の差分解法(1)
移流方程式の差分解法(2)
拡散方程式
ポアソン方程式の差分解法

142　　　　　　　　　第 15 章　偏微分方程式

15.1　移流方程式の差分解法（1）

本節では 1 次元の**線形移流方程式**

$$\frac{\partial u}{\partial t} + c \frac{\partial u}{\partial x} = 0 \tag{15.1}$$

を，初期条件

$$u(x, 0) = f(x) \tag{15.2}$$

のもとで解くことを考える．ここで，c は定数で正数とする．また $f(x)$ は与えられた関数である．

この移流方程式を差分法を用いて数値的に解いてみよう．差分法とは簡単にいえば，偏微分方程式に現れる微分を差分で置き換えて解く方法である．

移流方程式 (15.1) は偏微分方程式で時間に関する偏微分と空間に関する偏微分を含む．ここでは，まず時間に関しては前進差分，空間に関しては後退差分で近似してみよう．偏微分では，微分しない変数は一定に保つため，式 (14.7) を参照すれば，式 (15.1) は Δt，Δx を小さい正数として

$$\frac{u(x, t + \Delta t) - u(x, t)}{\Delta t} + c \frac{u(x, t) - u(x - \Delta x, t)}{\Delta x} = 0$$

または

$$u(x, t + \Delta t) = (1 - r)u(x, t) + ru(x - \Delta x, t) \quad (r = c\Delta t / \Delta x) \tag{15.3}$$

と近似される．上式の r は移流方程式を解くときに現れる重要なパラメータで**クーラン数**とよばれる．

式 (15.3) は時刻 t の u の値から時刻 $t + \Delta t$ での u を計算する式になっているため，原理的には初期条件からはじめて Δt 刻みに順に近似解を求めることのできる式である．この点についてもう少し詳しく説明しよう．

$x - t$ 面を，図 15.1 に示すように格子に分割する．ここでは簡単のため x 方向の格子幅を Δx，t 方向の格子幅を Δt として，すべて同じ大きさの格子とする．差分法では各格子点における u の近似値を求めることになる．格子点は離散的なので各格子点に番号づけする．いま図の点 P の格子番号が (j, n)，すなわち x 方向に j 番目，t 方向に n 番目になったとしよう．このときの点 P の座標を (x_j, t_n) と書き，そこでの解の近似値を u_j^n と書くことにする．すなわち，

$$u_j^n \sim u(x_j, t_n) \tag{15.4}$$

15.1 移流方程式の差分解法 (1)

とする.ここで記号 $\sim$ は近似を表す.この書き方に従えば,点 P の左と上の格子点での u の近似値はそれぞれ

$$u(x_j - \Delta x, t_n)(= u(x_{j-1}, t_n)) \sim u_{j-1}^n$$
$$u(x_j, t_n + \Delta t)(= u(x_j, t_{n+1})) \sim u_j^{n+1}$$
(15.5)

となる.同様に,右と下の格子点での u の近似値は

$$u(x_j + \Delta x, t_n)(= u(x_{j+1}, t_n)) \sim u_{j+1}^n$$
$$u(x_j, t_n - \Delta t)(= u(x_j, t_{n-1})) \sim u_j^{n-1}$$
(15.6)

となる.式 (15.5) を用いれば,式 (15.3) は点 P において次式で近似できる.

$$u_j^{n+1} = (1-r)u_j^n + ru_{j-1}^n \tag{15.7}$$

この式が移流方程式を解くひとつの近似式になる.式 (15.7) の構造を図 15.2 に示す.この図から点 Q での近似解が隣接した点 P および点 R の近似解から計算できることがわかる.一方,初期条件から,図 15.1 の一番下の線上の u の値は既知である.したがって,(有限領域での計算では境界条件として左の境界線上での u の値が与えられれば)図 15.3 のようにして各格子点での u の値が下から順に計算できることになる.

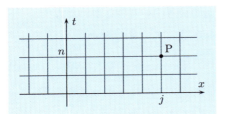

図 15.1 移流方程式を解くための様子

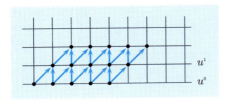

図 15.3 解の求まり方

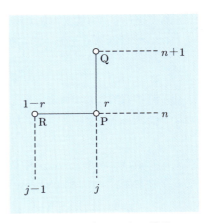

図 15.2 式 (15.3) の構造

144　　　　　　　第 15 章　偏微分方程式

15.2　移流方程式の差分解法（2）

　前節では移流方程式を近似する場合に，時間微分に対しては前進差分，空間微分に対しては後退差分で近似する方法を示した．しかし，14.1 節でも述べたように差分近似は一通りではないため，近似式を変化させることによっていろいろな方法をつくることが可能である．そこで，移流方程式の時間微分を前進差分，空間微分を中心差分で近似するとどうなるかを調べてみよう．近似式はこの場合，

$$\frac{u_j^{n+1} - u_j^n}{\Delta t} + c\frac{u_{j+1}^n - u_{j-1}^n}{2\Delta x} = 0$$

または

$$u_j^{n+1} = u_j^n - \frac{r}{2}(u_{j+1}^n - u_{j-1}^n) \tag{15.8}$$

となる．ここで r は式 (15.3) で定義したクーラン数である．例として，図 15.4 に示す初期条件のもとで式 (15.8) を用いた計算結果を図 15.5 に示す．ただし，$c = 1$ で x 方向と t 方向の格子幅を $\Delta x = 0.1$，$\Delta t = 0.02$ にとっている．この場合には，少し時間が経つと解は振動しはじめて，すぐに発散してしまうことがわかる．したがって，この方法では計算できないことになる．一方，同じパラメータを用いて前節の方法で計算した結果を図 15.6 に示す．図から初期の関数形が右に伝わり，方程式の表す現象が近似できていることがわかる†．

　式 (15.8) では計算できない数学的な理由は以下のとおりである．

$$u_j^n = g^n e^{i\xi j \Delta x} \tag{15.9}$$

を式 (15.8) の特解として仮定する（i は虚数単位，g^n は g の n 乗を意味する）．このようにおいたのはもとの移流方程式の特解を求める場合に

$$u(x,\, t) = g(t)e^{i\xi x}$$

を代入して $g(t)$ を決めることの類推からである．式 (15.9) を式 (15.8) に代入して g が決まれば，式 (15.9) の形の特解をもつことになる．

$$u_j^{n+1} = g^{n+1}e^{i\xi j \Delta x} = g \times g^n e^{i\xi j \Delta x} = gu_j^n$$

$$u_{j+1}^n = g^n e^{i\xi(j+1)\Delta x} = e^{i\xi \Delta x}g^n e^{i\xi j \Delta x} = e^{i\xi \Delta x}u_j^n \tag{15.10}$$

$$u_{j-1}^n = g^n e^{i\xi(j-1)\Delta x} = e^{-i\xi \Delta x}g^n e^{i\xi j \Delta x} = e^{-i\xi \Delta x}u_j^n$$

15.2 移流方程式の差分解法 (2)

に注意すれば，式 (15.8) は

$$gu_j^n = u_j^n + \frac{r}{2}(e^{i\xi\Delta x} - e^{-i\xi\Delta x})u_j^n$$

すなわち

$$g = 1 + ir\sin\xi\Delta x \tag{15.11}$$

となる．ただし，**オイラーの公式** ($e^{i\theta} = \cos\theta + i\sin\theta$) を用いた．したがって，特解はこの g を式 (15.9) に代入したものである．

次に g の意味を考えてみよう．式 (15.10) の第 1 式から $g = u_j^{n+1}/u_j^n$ であるから，g は差分方程式にしたがって Δt すすめた場合の**増幅率**（一般に複素数なので**複素増幅率**という）を表す．時間が経過しても解が有限にとどまるためには

$$|g| \leq 1 \tag{15.12}$$

を満足する必要がある．これを**フォン・ノイマンの安定性条件**という．

式 (15.11) から，差分方程式 (15.8) の増幅率は

$$|g| = \sqrt{1 + r^2\sin^2\xi\Delta x}$$

となるが，これは 1 より大きい．したがって，式 (15.8) により計算をすすめると解の絶対値は際限なく大きくなることがわかる．

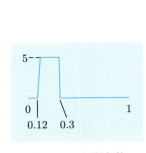

図 15.4 初期条件

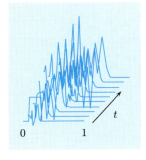

図 15.5 式 (15.8) による解

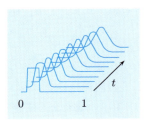

図 15.6 式 (15.3) による解

---

†ただし，厳密解では波形が変化せずに伝わるにもかかわらず，近似解では時間が経過するにつれて波形が低くなり，また左右に広がっている．

146　　　　　　　　第 15 章　偏微分方程式

15.3　拡散方程式

未知関数 $u(x, t)$ に関する偏微分方程式

$$\frac{\partial u}{\partial t} = \frac{\partial^2 u}{\partial x^2} \tag{15.13}$$

を 1 次元拡散方程式とよぶ．この方程式を領域 $0 < x < 1$, $t > 0$ で以下の条件のもとで解くことにする：

$$u(x, 0) = f(x) \tag{15.14}$$

$$u(0, t) = u(1, t) = 0 \tag{15.15}$$

式 (15.13), (15.14), (15.15) を解く領域は図 15.7 に示すような長方形領域である．この領域を幅が Δx, Δt の等間隔格子に分割する．そして，時間に関しては前進差分，空間に関しては中心差分を用いて近似すれば，式 (15.13) は，15.1 節の記法を用いて

$$\frac{u_j^{n+1} - u_j^n}{\Delta t} = \frac{u_{j-1}^n - 2u_j^n + u_{j+1}^n}{(\Delta x)^2}$$

または，$r = \Delta t/(\Delta x)^2$ とおいて

$$u_j^{n+1} = ru_{j-1}^n + (1 - 2r)u_j^n + ru_{j+1}^n$$
$$(j = 1, 2, \cdots, J - 1; n = 0, 1, 2, \cdots) \tag{15.16}$$

と近似される．一方，初期条件および境界条件は次のようになる．

$$u_j^0 = f(x_j) = f(j\Delta x) \ (j = 1, 2, \cdots, J - 1)$$
$$u_0^n = u_J^n = 0 \ (n = 0, 1, 2, \cdots) \tag{15.17}$$

この問題は以下に示すようにごく簡単に解くことができる．図 15.8 に式 (15.16) の構造を示すが，ある格子点における次の時間ステップ $n + 1$ での値（左辺）がもとの時間ステップ n における近くの 3 格子点の値から単純な代入計算で計算できることを示している．したがって図 15.9 に模式的に示すように，境界を除き $n = 1$ での u の値が初期条件（$n = 0$ での値）を用いて計算できる．一方，境界の格子点での値は境界条件によってすでに与えられているため，計算する必要はない．したがって，$n = 1$ における u の値がすべて決まる．

15.3 拡散方程式

同様にして $n=1$ における u の値から $n=2$ での u の値が，$n=2$ における u の値から $n=3$ での u の値が求まるというように順に続けていけるため，任意の n に対して u が決まる．すなわち，初期値・境界値問題が解けることになる．

ここで用いた方法をオイラー陽解法または時間微分に前進差分，空間に対しては中心差分を用いたため **FTCS**（Forward Time Center Space）**法**とよぶことがある．この方法は非常に単純な方法でプログラムも簡単であるが，解が得られる条件を前節の方法を用いて計算にすると，$r \leq 1/2$ の場合であることがわかる（章末問題の問 1 を参照）．r は Δt と $(\Delta x)^2$ の比であるため，移流方程式に比べて Δt に対する厳しい条件になっている．

なお，差分近似の方法は 1 通りではない．たとえば式 (15.13) の近似として

$$-ru_{j-1}^n + (1+2r)u_j^n - ru_{j+1}^n = u_j^{n-1} \tag{15.18}$$

が考えられる．これは時間微分を後退差分で近似したものである．この式の構造を図 15.10 に示すが，u^n に対する連立 1 次方程式になる．この方法は FTCS 法に比べて解きにくいが，r に対する制限がないという大きな利点がある．

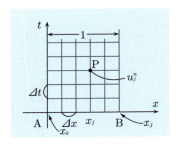

図 15.7　熱伝導方程式に対する差分格子

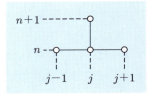

図 15.8　式 (15.16) の構造

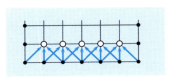

図 15.9　式 (15.16) による解の求まり方

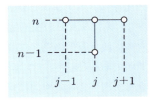

図 15.10　式 (15.18) の構造

148　　　　　　　第 15 章　偏微分方程式

15.4　ポアソン方程式の差分解法

　本節では 2 次元のポアソン方程式の差分解法について述べる．2 次元ポアソン方程式とは，$u(x, y)$ を未知関数としたとき

$$\frac{\partial^2 u}{\partial x^2} + \frac{\partial^2 u}{\partial y^2} = -f(x, y) \tag{15.19}$$

のことを指す．ただし $f(x, y)$ は既知の関数である．

　ここでは例として図 15.11 に示すような 1 辺が 1 の正方形領域（ただし，縦軸を y 軸とする）で境界上において関数値が与えられたときポアソン方程式 (15.19) を解いてみよう（拡散方程式と異なり，初期条件がないかわりに，領域全体で境界条件が与えられている）．領域を図のように同じ大きさの長方形格子に分割して，x 方向の格子幅を Δx，y 方向の格子幅を Δy とする．図の点 P の格子番号を (j, k)，そこでの解の近似値を（空間に関する添字は下添字で表すという約束に従い）$u_{j, k}$ と記せば，式 (15.19) は

$$\frac{u_{j-1, k} - 2u_{j, k} + u_{j+1, k}}{(\Delta x)^2} + \frac{u_{j, k-1} - 2u_{j, k} + u_{j, k+1}}{(\Delta y)^2} = -f_{j, k} \tag{15.20}$$

と近似される．ただし，$f_{j, k} = f(x_j, y_k)$ は点 P での関数 f の値で既知の数値である．この方程式は領域内部の各格子点で同時に成り立つ．すなわち，左下の格子点を $(0, 0)$，右上の格子点を (J, K) とすると式 (15.20) は $j = 1, \cdots, J-1$ および $k = 1, \cdots, K-1$ に対する合計 $(J-1) \times (K-1)$ 元の連立 1 次方程式である．一方，未知数は境界上では u の値が与えられているため方程式と同じ数の $(J-1) \times (K-1)$ 個ある．したがって，この連立 1 次方程式を解けば解の近似値が求まる．

　このように，ポアソン方程式を差分法で解く問題では，連立 1 次方程式が現れる．一方，式 (15.20) は Δx，Δy の選び方によらず近似解を与える．これは，移流方程式や拡散方程式の場合には解法によっては Δx や Δt など格子幅の選び方が重要な問題であったこととは対照的である．そこで，ポアソン方程式の解法ではいかに連立 1 次方程式を効率的に解くかが最大の問題になる．ここではガウス・ザイデル法を用いることにする．このとき，式 (15.20) を j と k が小さい順に計算していくとすれば，$u_{j, k}^{(\nu+1)}$ を計算する時点で，$u_{j-1, k}^{(\nu+1)}$ および $u_{j, k-1}^{(\nu+1)}$ は計算できている．

15.4 ポアソン方程式の差分解法

このことを考慮すれば，ガウス・ザイデル法の反復式は次式となる．
$$u_{j,k}^{(\nu+1)} = \frac{1}{2/(\Delta x)^2 + 2/(\Delta y)^2}\left(\frac{u_{j-1,k}^{(\nu+1)} + u_{j+1,k}^{(\nu)}}{(\Delta x)^2} + \frac{u_{j,k-1}^{(\nu+1)} + u_{j,k+1}^{(\nu)}}{(\Delta y)^2} + f_{j,k}\right) \tag{15.21}$$

上で考えた問題で，特に $f(x,y) = 0$, $a = -4$, $b = 4$, $c = d = 0$ として，図 15.12 に示すように領域を x, y 方向に 3 個ずつ合計 9 個の格子を用いて解いてみよう．図には境界の値も書き込まれている．図の記号を用いて点 P で式 (15.20) に対応する式を書けば，$\Delta x = \Delta y = 1/3$ であることに注意して

$$\frac{-4 - 2u_{1,1} + u_{2,1}}{(1/3)^2} + \frac{0 - 2u_{1,1} + u_{1,2}}{(1/3)^2} = 0$$

となる．同様にして点 Q, R, S ではそれぞれ

$$\frac{u_{1,1} - 2u_{2,1} + 4}{(1/3)^2} + \frac{0 - 2u_{2,1} + u_{2,2}}{(1/3)^2} = 0$$

$$\frac{-4 - 2u_{1,2} + u_{2,2}}{(1/3)^2} + \frac{u_{1,1} - 2u_{1,2} + 0}{(1/3)^2} = 0$$

$$\frac{u_{1,2} - 2u_{2,2} + 4}{(1/3)^2} + \frac{u_{2,1} - 2u_{2,2} + 0}{(1/3)^2} = 0$$

となる．これは $u_{1,1}$, $u_{2,1}$, $u_{1,2}$, $u_{2,2}$ に関する連立 4 元 1 次方程式であり，コンピュータを用いなくても簡単に解ける．より簡単には，解が $y = 0.5$ に関して対称であることを用いればよい．このとき $u_{1,1} = u_{1,2} = p$, $u_{2,1} = u_{2,2} = q$ とおけば，上のはじめの 2 式は

$$-3p + q = 4, \quad p - 3q = -4$$

となり，これを解けば $p = u_{1,1} = u_{1,2} = -1$, $q = u_{2,1} = u_{2,2} = 1$ となる．

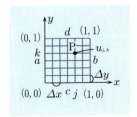

図 15.11　ポアソン方程式に対する差分格子　　図 15.12　**3 × 3** の格子

150　　　　　　　　　　第 15 章　偏微分方程式

第 15 章の章末問題

問 1　熱伝導方程式を FTCS 法で解く場合，$r \leq 1/2$ である必要があることを示せ.

問 2　1 次元熱伝導方程式の初期値・境界値問題

$$\frac{\partial u}{\partial t} = \frac{\partial^2 u}{\partial x^2} \quad (0 < x < 1,\, t > 0)$$

$$u(x, 0) = 1\,;\, u(0, t) = u(1, t) = 0$$

を区間を 10 等分して，$\Delta t = 0.002$ として $t = 0.02$ まで解け.

問 3　2 次元ポアソン方程式の境界値問題

$$\frac{\partial^2 u}{\partial x^2} + \frac{\partial^2 u}{\partial y^2} = 6x - 3y \quad (0 < x < 1,\, 0 < y < 1)$$

$$u(x, 0) = 0,\ u(x, 1) = 3x - \frac{3}{2}x^2 \quad (0 < x < 1)$$

$$u(0, y) = 0,\ u(1, y) = 3y^2 - \frac{3}{2}y \quad (0 < y < 1)$$

を，領域を 3×3 の格子に分割して，差分法を用いて解き，$u(1/3, 1/3)$, $u(1/3, 2/3)$, $u(2/3, 1/3)$, $u(2/3, 2/3)$ の近似値を求めよ.

コラム　差分による解釈その 2

　ポアソン方程式の右辺が 0 の場合には，特にラプラス方程式とよび，ラプラス方程式の解を調和関数という．調和関数は非常に滑らかで凹凸がない関数であることが知られているがこのことも差分で考えると明らかである．正方形格子でラプラス方程式を差分近似すると，式 (15.20) で $\Delta x = \Delta y$, $f = 0$ であるから

$$u_{j,k} = (u_{j-1,k} + u_{j+1,k} + u_{j,k-1} + u_{j,k+1})/4$$

と変形できる．したがって，着目点（左辺）の値は左右上下の 4 点の値の幾何平均になっている．このことは凹凸がないことを意味している．なぜなら，もし $u_{j,k}$ が極小であったとすれば，$u_{j,k} < u_{j+1,k}$, $u_{j,k} < u_{j-1,k}$, $u_{j,k} < u_{j,k+1}$, $u_{j,k} < u_{j,k-1}$ となるが，これを足し合わせて 4 で割れば上の平均の式と矛盾するからである（極大も同様）.

章末問題解答

第 1 章

問 1 行列式を展開してから各項ごとに計算するとする．n 次の行列式は $n-1$ 次の行列式を用いて帰納的に

$$
|A| = \begin{vmatrix} a_{11} & a_{12} & \cdots & a_{1n} \\ a_{21} & a_{22} & \cdots & a_{2n} \\ \vdots & \vdots & \vdots & \vdots \\ a_{n1} & a_{n2} & \cdots & a_{nn} \end{vmatrix} = a_{11} \begin{vmatrix} a_{22} & a_{23} & \cdots & a_{2n} \\ \vdots & \vdots & \vdots & \vdots \\ a_{n2} & a_{n3} & \cdots & a_{nn} \end{vmatrix}
$$

$$
- a_{12} \begin{vmatrix} a_{21} & a_{23} & \cdots & a_{2n} \\ \vdots & \vdots & \vdots & \vdots \\ a_{n1} & a_{n3} & \cdots & a_{nn} \end{vmatrix} + \cdots + (-1)^{n+1} a_{1n} \begin{vmatrix} a_{21} & a_{22} & \cdots & a_{2n-1} \\ \vdots & \vdots & \vdots & \vdots \\ a_{n1} & a_{n2} & \cdots & a_{nn-1} \end{vmatrix}
$$

で定義される．したがって，n 次行列式の項数は $n-1$ 次行列式の項数の n 倍ある．1 次行列式は 1 項なので，n 次行列式の項数は $n \times (n-1) \times \cdots \times 1 = n!$ ある．また，上の定義式から 1 つの項には要素 a_{ij} の $(n-1)$ 回の乗算が必要である．以上から乗算の回数は $(n-1)n!$ 回である．

問 2 $A' = A + a$，$B' = B + b$ とすれば a, b は小さいので，$A'B' = (A + a)(B + b) \fallingdotseq AB + bA + aB$．したがって，絶対誤差は $aB + bA$ であり，相対誤差は $(aB + bA)/AB = a/A + b/B$（相対誤差の和）となる．また，$A'/B' = (A + a)/(B + b) = (A + a)(B - b)/(B^2 - b^2) \fallingdotseq A/B + a/B - bA/B^2$ となるため，絶対誤差は $a/B - bA/B^2$，相対誤差は $(a/B - bA/B^2)/(A/B) = a/A - b/B$（相対誤差の差）となる．

問 3 球の体積は $4\pi(R')^3/3$ であり，$R' = R + r$ とすれば，$(R')^3 \fallingdotseq R^3 + 3rR^2$ が成り立つ．したがって，$(R')^3/R^3 = 1 + 3r/R$ となり，$3r/R$ を 1%におさえるには，半径の相対誤差 r/R は 0.33%におさえる必要がある．

第 2 章

問 1 $f(x) = \sqrt{x} + 1 - x^2 + x$ とおき 2 分法を適用する．たとえば $f(0) = 1 > 0$，$f(4) = -9 < 0$ であるから $x = 0$ と $x = 4$ から出発する．このとき，16 回で 2.4179 となる．

問 2 第 1 式を第 2 式に代入して，右辺を左辺に移項すると，$f(x) = x^2 - x^3 + x^4 - 2 = 0$ となる．この方程式にニュートン法を適用すれば，反復式 $x_{n+1} = x_n - (x_n^2 - x_n^3 + x_n^4 - $

152 章末問題解答

$2)/(2x_n - 3x_n^2 + 4x_n^3) = (x_n^2 - 2x_n^3 + 3x_n^4 + 2)/(2x_n - 3x_n^2 + 4x_n^3)$ が得られる．この式を用いてたとえば $x_0 = 1$ として計算すれば 4 回の反復で $x_4 = 1.24087$ となる．

問 3 $x^2 + ax + b = 0$ にニュートン法を適用して $x_{n+1} = x_n - (x_n^2 + ax_n + b)/(2x_n + a)$．両辺から解 α を引くと，$x_{n+1} - \alpha = (2x_n^2 + ax_n - x_n^2 - ax_n - b + (\alpha^2 + a\alpha + b) - 2x_n\alpha - a\alpha)/(2x_n + a) = (x_n - \alpha)^2/(2x_n + a)$ となるため 2 次の収束とみなせる．一方，重根のときは $a = -2\alpha$ をこの式に代入すれば，$x_{n+1} - \alpha = (x_n - \alpha)/2$ となるため，1 回の反復では解との差は $1/2$ になるだけである．

第 3 章

問 1 一番はじめの式を証明するが他も同様である．図を描けば明らかであるが，仮定より f は区間内で下に凸で，出発値が α より大きいため仮定より $x_n > x_{n+1}$，$f'(x_n) > 0$ である．またテイラー展開より $0 = f(\alpha) = f(x_n) + (\alpha - x_n)f'(x_n) + (\alpha - x_n)^2 f''(\xi)/2$．ニュートン法の関係を代入すれば，$(x_{n+1} - \alpha)f'(x_n) = (\alpha - x_n)^2 f''(\xi)/2$．したがって $x_n > x_{n+1} > \alpha$ がいえる．数列 x_n は単調減少で有界であるため α に収束する．

問 2 複素根なので，$f(z) = z^2 + 2z + 2$，$z_n = x_n + iy_n$ とおいてニュートン法の式 $z_{n+1} = z_n - f(z_n)/f'(z_n)$ に代入し，実部と虚部を比較すれば，

$$x_{n+1} = \frac{(x_n^2 - y_n^2 - 2)(x_n + 1) + 2x_ny_n^2}{2((x_n + 1)^2 + y_n^2)}$$

$$y_{n+1} = \frac{2x_ny_n(x_n + 1) - y_n(x_n^2 - y_n^2 - 2)}{2((x_n + 1)^2 + y_n^2)}$$

となる．$x_0 = 0$，$y_0 = 1$ から出発すると 4 回の反復で $x_4 = -1.0000$，$y_4 = 1.0000$ となる．

問 3 3 変数のテイラー展開，$F(x + \Delta x, y + \Delta y, z + \Delta z) = F(x, y, z) + F_x(x, y, z)\Delta x + F_y(x, y, z)\Delta y + F_z(x, y, z)\Delta z + \cdots$ を利用する．F を f, g, h とおけば，3 元 1 次方程式

$$f_x(x_n, y_n, z_n)\Delta x + f_y(x_n, y_n, z_n)\Delta y + f_z(x_n, y_n, z_n)\Delta z = -f(x_n, y_n, z_n)$$

$$g_x(x_n, y_n, z_n)\Delta x + g_y(x_n, y_n, z_n)\Delta y + g_z(x_n, y_n, z_n)\Delta z = -g(x_n, y_n, z_n)$$

$$h_x(x_n, y_n, z_n)\Delta x + h_y(x_n, y_n, z_n)\Delta y + h_z(x_n, y_n, z_n)\Delta z = -h(x_n, y_n, z_n)$$

が得られ，それを解いて，Δx, Δy, Δz を求めれば，$x_{n+1} = x_n + \Delta x$，$y_{n+1} = y_n + \Delta y$，$z_{n+1} = z_n + \Delta z$ となる．

第 4 章

問 1 $x - y + z = 5$，$3y - z = -4$，$(5/3)z = 5/3$ より $z = 1$，$y = -1$，$x = 3$

問 2 はじめに第 1 式を用いて第 2 式以降から x を消去するため，（第 1 式）＋（第 2 式），（第 3 式）－（第 1 式），（第 4 式）－ 2 ×（第 1 式）を計算すると

第 5 章の解答　　　　　　　　　　　　　　**153**

$$x - 4y + 3z - u = -3$$

$$z - 3u = -8$$

$$-y - z + 2u = 7$$

$$3y - 2z - u = -1$$

となる．このままでは消去が続けられないので 2 番目と 3 番目の方程式を交換して消去を続けると，

$$x - 4y + 3z - u = -3 \qquad x - 4y + 3z - u = -3$$

$$-y - z + 2u = 7 \qquad -y - z + 2u = 7$$

$$z - 3u = -8 \qquad z - 3u = -8$$

$$-5z + 5u = 20 \qquad -10u = -20$$

となる．そこで下から順に解けば以下の結果が得られる．

$$u = 2, \ z = -2, \ y = -1, \ x = 1$$

問 3　ガウスの消去法を行うと $\varepsilon x_1 + x_2 = 2$, $(1 - 1/\varepsilon)\, x_2 = 1 - 2/\varepsilon$. ここで, $0 < \varepsilon \ll 1$ とすれば $1 - 1/\varepsilon \fallingdotseq -1/\varepsilon$, $1 - 2/\varepsilon \fallingdotseq -2/\varepsilon$ とみなされるため, $x_2 = 2$ となり後退代入を行って $x_1 = 0$ となる．厳密解は $x_2 = (\varepsilon - 2)/(\varepsilon - 1)$, $x_1 = 1/(\varepsilon - 1)$ なので ε が十分に小さければ $x_2 = 2$, $x_1 = -1$ となる．

第 5 章

問 1

$$\begin{bmatrix} 1 & 2 & 1 \\ 3 & 8 & 7 \\ 2 & 10 & 10 \end{bmatrix} = \begin{bmatrix} 1 & 0 & 0 \\ 3 & 1 & 0 \\ 2 & 3 & 1 \end{bmatrix} \begin{bmatrix} 1 & 2 & 1 \\ 0 & 2 & 4 \\ 0 & 0 & -4 \end{bmatrix}$$

問 2　略

問 3　略

問 4　右辺の行列の積を計算すると

$$\begin{bmatrix} p_1 & p_1 u_1 & p_1 u_2 \\ p_1 u_1 & p_1 u_1^2 + p_2 & p_1 u_1 u_2 + p_2 u_3 \\ p_1 u_2 & p_1 u_1 u_2 + p_2 u_3 & p_1 u_2^2 + p_2 u_3^2 + p_3 \end{bmatrix}$$

したがって，要素を比較すれば，

$$p_1 = a, \ u_1 = d/p_1 = d/a, \ u_2 = e/p_1 = e/a; \ b = u_1^2 p_1 + p_2$$

$$= p_2 + d^2 a/a^2 \rightarrow p_2 = b - d^2/a$$

$$p_1 u_1 u_2 + p_2 u_3 = f \rightarrow u_3 = (f - p_1 u_1 u_2)/p_2 = (af - de)/(ab - d^2)$$

154 章末問題解答

$p_3 = c - p_1 u_2^2 - p_2 u_3^2$ に上の各式を代入したもの

第6章

問1 ヤコビ法では 11 回の反復，ガウス・ザイデル法では 6 回の反復で $(x, y, z) = (3.000, -1.000, 1.000)$ になる．

問2 ヤコビの反復法の行列は

$$M = -D^{-1}(U + L)$$

$$= \begin{bmatrix} 0 & a_{12}/a_{11} & \cdots & a_{1n-1}/a_{11} & a_{1n}/a_{11} \\ a_{21}/a_{22} & 0 & \cdots & a_{2n-1}/a_{22} & a_{2n}/a_{nn} \\ \vdots & \vdots & \vdots & \vdots & \vdots \\ a_{n-11}/a_{n-1n-1} & a_{n-12}/a_{n-1n-1} & \cdots & 0 & a_{n-1n}/a_{n-1n-1} \\ a_{n1}/a_{nn} & a_{n2}/a_{nn} & \cdots & a_{nn-1}/a_{nn} & 0 \end{bmatrix}$$

なのでブロウエルの定理から $|\lambda - 0| < \sum_{j \neq i} |a_{ij}/a_{ii}| = \sum_{j \neq i} |a_{ij}|/|a_{ii}| < 1$ $(i = 1 \sim n)$．ただし，最後の不等式は対角優位ということを用いた．したがって，スペクトル半径は 1 未満であるため，反復は収束する．

ブロウエルの定理の証明は次のようにする．行列 A の任意の固有値を λ，対応する固有ベクトルを $\boldsymbol{v} = (v_1, \cdots, v_n)$，この成分の中で絶対値が最大のものを v_r とすれば，

$$\lambda - a_{rr} = a_{r1} v_1/v_r + \cdots + a_{rr-1} v_{r-1}/v_r + a_{rr+1} v_{r+1}/v_r + \cdots + a_{rn} v_n/v_r$$

となる（a_{rr} を右辺に移項して分母を払えば固有値の定義式にもどる）．この式の両辺の絶対値をとってから $|v_i/v_r| \leq 1$ および3角不等式を用いれば，

$$|\lambda - a_{rr}| \leq |a_{r1}| + \cdots + |a_{rr-1}| + |a_{rr+1}| + \cdots + |a_{rn}|$$

問3 (1) 数列の一般項は $x^{(\nu)} = a^\nu x^{(0)} + (1 - a^k) b/(1 - a)$ となるため，$a < 1$ の場合，$\nu \to \infty$ のとき $x^{(\nu)} \to b/(1-a)$（もとの方程式の解）
(2) SOR 法の反復式 $x^{(\nu+1)} = \alpha x^{(\nu)} + \omega b$ $(\alpha = 1 + \omega(a-1))$ で表わされる数列の一般項は $x^{(\nu)} = \alpha^\nu x^{(0)} + (1 - \alpha^k) \omega b/(1 - \alpha)$ となるため，$\alpha < 1$ の場合，$\nu \to \infty$ のとき $x^{(\nu)} \to \omega b/(1-\alpha) = b/(1-a)$ となる．ω は $\omega = 1/(1-a)$ のとき $\alpha = 0$ となって収束が最も速い．

第7章

問1 厳密な最大固有値は $(9 + \sqrt{33})/2 = 7.37228\cdots$．ベキ乗法を用いれば $(1, 0, 0)$ からはじめて 11 回の反復で $\lambda = 7.37228\cdots$

問2 $\theta = \pi/4$ であり，基本回転行列を 1 回掛けるだけで 3 つの固有値 $8, 0, 2$ が求まる．

問3 (1) 略

第 9 章の解答   **155**

(2)(1) の結果より，行列 A と行列 B の全要素の 2 乗和 $\sum_{i,j=1}^{n}(a_{ij})^2$ と $\sum_{i,j=1}^{n}(b_{ij})^2$ は等しい．一方，行列 A と行列 B の対角要素の 2 乗和を比較すると $\sum_{i=1}^{n}(b_{ii})^2$ が $\sum_{i=1}^{n}(a_{ii})^2$ より $2a_{pq}^2$ だけ大きい（$b_{pq}^2 = 0$ なので）．したがって，非対角要素の和については行列 B の方が小さい．

第 8 章

問 1　$l_0(0.15) = \dfrac{(0.15 - 0.1)(0.15 - 0.2)}{(0 - 0.1)(0 - 0.2)} = -0.125$，同様に $l_1(0.15) = 0.75$，$l_2(0.15) = 0.375$ となり，関数値は $f(0.15) = 1.1619$

問 2　$P(x) = f_k + f_k'(x - x_k) + \{(f_{k+1} - f_k) - (x_{k+1} - x_k)f_k'\}\dfrac{(x - x_k)^2}{(x_{k+1} - x_k)^2}$

$$+ \{(x_{k+1} - x_k)(f_k' + f_{k+1}') - 2(f_{k+1} - f_k)\}\dfrac{(x - x_k)^2(x - x_{k+1})}{(x_{k+1} - x_k)^3}$$

となる（ただし $f_k = f(x_k)$, $f_k' = f'(x_k)$ とおいた）．

問 3　$h_0(x) = \left(\dfrac{x - x_1}{x_0 - x_1}\dfrac{x - x_2}{x_0 - x_2}\right)^2 \left(1 - 2(x - x_0)\dfrac{2x_0 - (x_1 + x_2)}{(x_0 - x_1)(x_0 - x_2)}\right)$

$$g_0(x) = \left(\dfrac{x - x_1}{x_0 - x_1}\dfrac{x - x_2}{x_0 - x_2}\right)^2 (x - x_0)$$

等となり，$x = 0.15$ での値は

$$h_0(0.15) = \left(\dfrac{0.15 - 0.1}{0.0 - 0.1}\dfrac{0.15 - 0.2}{0.0 - 0.2}\right)^2 \left(1 - 2(0.15 - 0.0)\dfrac{2 \times 0.0 - (0.1 + 0.2)}{(0.0 - 0.1)(0.0 - 0.2)}\right)$$

$$= 0.085938$$

$$g_0(0.15) = \left(\dfrac{0.15 - 0.1}{0.0 - 0.1}\dfrac{0.15 - 0.2}{0.0 - 0.2}\right)^2 (0.15 - 0.0) = 0.0023438$$

同様に

$$h_1(0.15) = 0.56250, \quad g_1(0.15) = 0.028125,$$

$$h_2(0.15) = 0.35156, \quad g_2(0.15) = -0.0070312$$

となるため，関数値は $f(0.15) = 1.1618$（$e^{0.15} = 1.1618$）となる．

問 4　たとえば T_2, T_3 は余弦関数に対する 2 倍角，3 倍角の公式

$$\cos 2\theta = 2\cos^2\theta - 1, \quad \cos 3\theta = 4\cos^3\theta - 3\cos\theta \quad \text{ただし，} \quad \theta = \cos^{-1} x$$

を用いる．

第 9 章

問 1　$\sigma_0 = 0$, $\sigma_0 + 4\sigma_1 + \sigma_2 = 600\,(1 - 2 \times 1.1052 + 1.2214)$, $\sigma_2 = 0$ より $\sigma_1 = 1.6591$．このとき $x = 0.15$ が含まれる区間での 3 次式は

$$s(x) = -2.7652(x - 0.1)^3 + 0.8296(x - 0.1)^2 + 1.1070(x - 0.1) + 1.1052$$

となるため，補間関数値は 1.1622

問 2 区間 $[0, 1]$ を n 等分して考えるため，

$$\sum_{j=1}^{n} S_j \Delta x = ((1/n)^j + (2/n)^j + \cdots + (n/n)^j)(1/n) \fallingdotseq \int_0^1 x^j dx = 1/(j+1)$$

となる．したがって，行列の要素 a_{ij} は $1/(i + j + 1)$ となる．これは 50 ページのコラムで示したように性質の悪い行列である．

問 3 データから，$S_0 = 0.2^0 + 0.4^0 + \cdots + 1.0^0 = 5.0$，同様に $S_1 = 3.0$，$S_2 = 2.1$，$S_3 = 1.8$，$S_4 = 1.5664$．また

$$T_0 = 1.9975 \times 0.2^0 + 1.3775 \times 0.4^0 + \cdots - 0.0026 \times 1.0^0 = 4.4009$$

同様に $T_1 = 1.6246$，$T_2 = 0.7514$．1 次式で近似する場合には連立 2 元 1 次方程式

$$5.0a_0 + 3.0a_1 = 4.4009, \quad 3.0a_0 + 2.2a_1 = 1.6246$$

を解いて $y = -2.5398x + 2.4041$．さらに 2 次式で近似する場合には連立 3 元 1 次方程式

$$5.0a_0 + 3.0a_1 + 2.2a_2 = 4.4009, \quad 3.0a_0 + 2.2a_1 + 1.8a_2 = 1.6246$$

$$2.2a_0 + 1.8a_1 + 1.5664a_2 = 0.7514$$

を解いて $y = 1.5239x^2 - 4.3685x + 2.8308$

第 10 章

問 1 台形公式：0.1360　　シンプソンの公式：0.1355

問 2 区分求積法：$(1/1 + 1/1.1 + \cdots + 1/1.9)/10 = 0.71877$

台形公式：$(1/1 + 2/1.1 + 2/1.2 + \cdots + 2/1.9 + 1/2)/20 = 0.69377$

シンプソンの公式：$(1/1 + 4/1.1 + 2/1.2 + 4/1.3 + 2/1.4 +$

$$\cdots + 2/1.8 + 4/1.9 + 1/2)/30 = 0.69315$$

問 3 周期 2π の関数なので $f(2\pi) = f(0)$ となるため，台形公式の最初と最後の項は同じ値となり，その和は $2f(0)$ と書ける．他の項はすべて $2f(x_k)$ の形をしており，また区間幅 h は $2\pi/n$ となる．以上のことを用いればよい．

問 4　$S_{0,0} = \dfrac{h_0}{2}\{f(a) + f(b)\}$

$$S_{1,0} = \frac{h_1}{2}\{f(a) + 2f(a + h_1) + f(b)\} = \frac{1}{2}\frac{h_0}{2}\{f(a) + f(b)\} + h_1 f(a + h_1)$$

$$= \frac{1}{2}S_{0,0} + h_1 f(a + h_1)$$

第 11 章の解答　　　　　　　　　　　　　**157**

$$S_{2,0} = \frac{h_2}{2}\{f(a) + 2f(a + h_2) + 2f(a + 2h_2) + 2f(a + 3h_3) + f(b)\}$$

$$= \frac{1}{2}S_{1,0} + h_2\{f(a + h_2) + f(a + 3h_2)\}$$

第 11 章

問 1	2 等分	0.6324956013	0.0000000000	0.0000000000	0.0000000000
	4 等分	0.6401101677	0.6426483564	0.0000000000	0.0000000000
	8 等分	0.6420490308	0.6426953185	0.6426984493	0.0000000000
	16 等分	0.6425363760	0.6426988244	0.6426990582	0.6426990678

となる．なお，厳密な積分値は $\pi/8 + 1/4$ であり，数値解の結果から π を計算すると $\pi = 8 \times (0.6426990678 - 0.25) = 3.1415925424$ となる．

問 2 x に関する区間 $[1, 2]$ の積分に対し，区間を 2 等分してシンプソンの公式を用いると

$$I = \int_1^2 \left(\int_x^{x^2} xy\,dy \right) dx = \frac{h}{3}(S(x_1) + 4\,S(x_2) + S(x_3)) \quad \left(S(x_i) = \int_{x_i}^{x_i^2} x_i y\,dy \right)$$

となる．ここで，$h = (2-1)/2 = 1/2$, $x_1 = 1$, $x_2 = 3/2$, $x_3 = 2$ を代入し，$S(x_i)$ を解析的に積分（数値積分でもよい）すれば

$$I \sim \frac{1}{6}\left(\int_1^1 dy + 4\int_{3/2}^{9/4} \frac{3}{2}y\,dy + \int_2^4 2y\,dy \right) = \frac{109}{32}$$

となる（厳密解は $108/32$）．

問 3 $\cos mx$, $\sin mx$ $(m < n)$ に台形公式を用いると次式の実部と虚部になる．

$$2\pi/n[\{1 + \cos(mx/n) + \cdots + \cos(m(n-1)x/n)\}$$
$$+ i\{0 + \sin(mx/n) + \cdots + \sin(m(n-1)x/n)\}]$$
$$= (1 + e^{imx/n} + \cdots + e^{im(n-1)x/n})\,2\pi/n$$

において，右辺括弧内の和の実部は

$$\mathrm{Re}\left[\frac{1 - e^{imx}}{1 - e^{imx/n}}\right] = \frac{(1 - \cos mx)(1 - \cos(mx/n)) + \sin mx \sin(mx/n)}{(1 - \cos(mx/n))^2 + \sin^2(mx/n)}$$
$$= \frac{1 - \cos mx}{2} + \frac{\sin(mx/n)\sin mx}{2(1 - \cos(mx/n))}$$

となる．ここで $x = 2\pi$ とおけば，この値は 0 となる．これは $\cos$ の $[0, 2\pi]$ の積分値と等しい．$\sin$ についても同様である．

第 12 章

問 1 (1)

0.00	0.0000000
0.25	0.5000000
0.50	0.6250000
0.75	0.6562500
1.00	0.6640625

(2)

0.00	1.0000000
0.25	1.2500000
0.50	1.5000000
0.75	1.7500000
1.00	2.0000000

問 2 (1)

0.00	0.0000000
0.25	0.3125000
0.50	0.4785156
0.75	0.5667114
1.00	0.6135654

(2)

0.00	1.0000000
0.25	1.2500000
0.50	1.5000000
0.75	1.7500000
1.00	2.0000000

問 3 (1)

0.00	0.0000000
0.25	0.3505859
0.50	0.5168061
0.75	0.5956146
1.00	0.6329794

(2)

0.00	1.0000000
0.25	1.2500000
0.50	1.5000000
0.75	1.7500000
1.00	2.0000000

第 13 章

問 1 (1)

0.00	0.0000000
0.25	0.3125000
0.50	0.4609375
0.75	0.5595703
1.00	0.6029053
1.25	0.6344757

(2)

0.00	1.0000000
0.25	1.2500000
0.50	1.5000000
0.75	1.7500000
1.00	2.0000000
1.25	2.2500000

問 2 (1) $\dfrac{dy}{dx} = z, \quad \dfrac{dz}{dx} = -y; \quad y(0) = 2, \quad z(0) = 0$

$$y_{j+1} = y_j + hz_j; \quad z_{j+1} = z_j - hy_j$$

(2) $y_{j+1} + iz_{j+1} = (y_j + hz_j) + i(y_j - hz_j) = (1 - ih)(y_j + iz_j) \quad (i = \sqrt{-1})$

$y_{j+1} - iz_{j+1} = (y_j + hz_j) - i(y_j - hz_j) = (1 + ih)(y_j - iz_j)$

$y_j + iz_j = (1 - ih)^j(y_0 + iz_0) = 2(1 - ih)^j$

$y_j - iz_j = (1 + ih)^j(y_0 - iz_0) = 2(1 + ih)^j$

$y_j = (1 + ih)^j + (1 - ih)^j; \ z_j = i((1 + ih)^j - (1 - ih)^j)$

問 3 $d^3y/dx^3 = f(x, y, dy/dx, d^2y/dx^2)$; $dy/dx = z$, $dz/dx = u$ とおくと $du/dx = f(x, y, z, u)$. したがって,

$$y_j^* = y_j + hz_j, \ z_j^* = z_j + hu_j, \ u_j^* = u_j + hf(x_j, y_j, z_j, u_j)$$
$$y_{j+1} = y_j + h(z_j + z_j^*)/2, \ z_{j+1} = z_j + h(u_j + u_j^*)/2$$

第 15 章の解答　　　　　　　　　　　　　**159**

$$u_{j+1} = u_j + h(f(x_j, y_j, z_j, u_j) + f(x_j + h, y_j^*, z_j^*, u_j^*))/2$$

第14章

問1 本文のようにしてもよいが，ここではラグランジュの補間法を利用する．

$$u = u_{j-1}((x-x_j)(x-x_{j+1})(x-x_{j+2}))/((x_{j-1}-x_j)(x_{j-1}-x_{j+1})(x_{j-1}-x_{j+2})) + \cdots$$

より

$$\begin{aligned}
d^3u/dx^3 = {} & 6u_{j-1}/((x_{j-1} - x_j)(x_{j-1} - x_{j+1})(x_{j-1} - x_{j+2})) \\
& + 6u_j/((x_j - x_{j-1})(x_j - x_{j+1})(x_j - x_{j+2})) \\
& + 6u_{j+1}/((x_{j+1} - x_{j-1})(x_{j+1} - x_j)(x_{j+1} - x_{j+2})) \\
& + 6u_{j+2}/((x_{j+2} - x_{j-1})(x_{j+2} - x_j)(x_{j+2} - x_{j+1}))
\end{aligned}$$

特に等間隔 $(= h)$ ならば $d^3u/dx^3 = (u_{j+2} - 3u_{j+1} + 3u_j - u_{j-1})/h^3$

問2 $y(1/4) = a$, $y(2/4) = b$, $y(3/4) = c$ とおくと

$$\begin{aligned}
(0 - 2a + b)/(1/4)^2 + a &= -1/4 \\
(a - 2b + c)/(1/4)^2 + b &= -2/4 \\
(b - 2c + 2)/(1/4)^2 + c &= -3/4
\end{aligned}$$

となるから，$a = 35233/55676 = 0.6328$, $b = 1087/898 = 1.210$, $c = 93603/55676 = 1.681$

問3 $u_j^* = u_j^n + \dfrac{\Delta t}{(\Delta x)^2}(u_{j-1}^n - 2u_j^n + u_{j+1}^n)$

$$u_j^{n+1} = u_j^n + \frac{\Delta t}{2(\Delta x)^2}\left\{(u_{j-1}^n - 2u_j^n + u_{j+1}^n) + (u_{j-1}^* - 2u_j^* + u_{j+1}^*)\right\}$$

$$u_j^0 = f(x_j)$$

第15章

問1 $u_j^n = g^n e^{i\xi j \Delta x}$ とおくと

$$\begin{aligned}
g &= re^{-2i\theta} + (1 - 2r) + re^{2i\theta} \\
&= 1 - 2r + 2r\cos 2\theta \\
&= 1 - 4r\sin^2\theta \\
&\quad (\text{ただし，} \ 2\theta = \xi\Delta x \text{ とおいている})
\end{aligned}$$

$g \le |1|$ より

$$-1 \le 1 - 4r\sin^2\theta \le 1 \quad \text{すなわち，} \ r \le 1/(2\sin^2\theta)$$

もっとも厳しい条件を選んで $r \leq 1/2$

問 2 表において $j = 6, 7, \cdots, 10$ は $j = 5$ に関して対称なので記していない.

n \ j	0	1	2	3	4	5
1	0.000000	0.200000	0.400000	0.600000	0.800000	1.000000
2	0.000000	0.200000	0.400000	0.600000	0.800000	0.920000
3	0.000000	0.200000	0.400000	0.600000	0.784000	0.872000
4	0.000000	0.200000	0.400000	0.596800	0.764800	0.836800
5	0.000000	0.200000	0.399360	0.591040	0.745600	0.808000
6	0.000000	0.199872	0.397824	0.583616	0.727168	0.783040
7	0.000000	0.199488	0.395392	0.575168	0.709632	0.760691
8	0.000000	0.198771	0.392166	0.566106	0.692951	0.740268
9	0.000000	0.197696	0.388275	0.556687	0.677045	0.721341
10	0.000000	0.196273	0.383842	0.547076	0.661833	0.703623
11	0.000000	0.194532	0.378975	0.537381	0.647240	0.686907

問 3 $u(1/3, 1/3) = x$, $u(2/3, 1/3) = y$, $u(1/3, 2/3) = z$, $u(2/3, 2/3) = w$ とおいて差分方程式をつくれば,

$$(y + z + 0 + 0 - 4x)/(1/3)^2 = 1$$
$$(-1/6 + x + w + 0 - 4y)/(1/3)^2 = 3$$
$$(x + 5/6 + w - 4z)/(1/3)^2 = 0$$
$$(1/3 + 4/3 + y + z - 4w)/(1/3)^2 = 2$$

となるため, これらを解いて $x = 1/18$, $y = 0$, $z = 1/3$, $w = 4/9$.

あとがき

　本書は数値計算あるいは数値解析の入門書として，わかりやすさや読みやすさを第一に考えて著した．著者の目標がどれだけ達成されたかは読者のご批評を待つしかないが，本書によって数値計算のおもしろさの一端にふれていただければ幸いである．数値計算法は奥深いだけではなく，コンピュータの発展とともに有効な解法が変わることもある．たとえば，連立1次方程式の反復解法であるヤコビの反復法はSOR法などに比べて収束が遅く以前は使われなかったが，並列計算が可能であるため，並列計算機に対してはよく使われる方法になった．ただし，本書の内容は基礎的なものばかりであるため，たとえコンピュータが進化したとしても最低限教養としてもっていただきたい内容である．

　数値計算は自分でなんらかの言語を用いて実際にプログラムを組むことによって本当に理解でき，またおもしろさもわかる．したがって，実際にプログラムを組んでみることを強くお勧めする．また，高度で洗練された数値計算法がいろいろあるため，本書を土台にしてさらに深く勉強されることを期待する．以下，いくつかの書籍をあげて読者の今後の便宜としたい．これらは，本書の補足や発展となっているとともに，本書を執筆する上で参考にさせていただいた本もある．

[1] 洲之内治男：数値計算 [新訂版]，サイエンス社（2002）

[2] 水島二郎・柳瀬眞一郎：理工学のための数値計算法 [第2版]，数理工学社（2009）

[3] 山本哲朗：数値解析入門 [増訂版]，サイエンス社（2003）

[4] 名取亮：数値解析とその応用，コロナ社（1990）

[5] 森正武：数値解析 第2版（共立数学講座12），共立出版（2002）

[6] 河村哲也：数値計算の理論と実際，科学技術出版（2000）

[7] 河村哲也・菅牧子：エクセル数値計算入門，山海堂（2003）

[8] 河村哲也・桑名杏奈：数値計算入門 [C言語版]，サイエンス社（2014）

[9] Ferziger, J.H. : Numerical Methods for Engineering Application, John Wiley & Sons（1981）

　[1]，[2] は本書より少し高度な程度で，本書に含めたかったが紙面の関係で含められなかった内容を含んでいる．[5] はしっかりとした内容をもつ定評のある本である．本書と同じような内容で実際のプログラムが掲載されているのが [6]（Fortran と C），[7]（VBA）である．また [8] は本書の姉妹編であり，C 言語による実際のプログラムや C 言語開発環境の例，数値計算の力学への応用例などが記述されている．なおわかりやすい英語の本としては [9] が推奨される．

索　引

あ行

アダムス・バッシュフォース法	124
アダムス・ムルトン法	124
アルゴリズム	2
1 次元拡散方程式	138
1 階常微分方程式	112
上三角型	32
上三角行列	42
打ち切り誤差	7
エルミート補間法の誤差	77
エルミート補間法	76
オイラーの公式	108, 145
オイラー法	112
重み関数	78
折れ線近似	82

か行

回帰直線	87
ガウス・ザイデル法	54
ガウスの消去法	32
ガウスの積分公式	104
仮数	6
加速係数	59
割線法	18
関数列	78
完全ピボット選択	35
基数	6

基本回転行列	66
逆ベキ乗法	64
求積法	115
境界条件	134
境界値問題	134
共役勾配法	60
曲率	84
クーラン数	142
区分求積法	92
クラメールの公式	40
クロネッカーのデルタ	72
桁落ち	8
高階微分方程式	128
格子	134
格子点	134
後退差分	133
後退代入	34
誤差ベクトル	56
固有値	62
コレスキー分解	45
コレスキー法	45

さ行

最小 2 乗法	86
差分近似	112
差分格子	132
差分法	134

3次のスプライン	82	増幅率	145
指数	6		
自然なスプライン	83	**た行**	
下三角行列	42		
実験式	86	対角化	56
実対称行列	66	対角行列	56, 66
出発値	4	対角優位	60
条件数	50	対角要素	52
情報落ち	8	台形公式	92
初期条件	112	多重積分	106
初期値	4	単精度	6
初期値・境界値問題	138	チェビシェフの多項式	78
初期値問題	112	逐次加速緩和法	54
シンプソンの公式	95	中間値の定理	12
数式処理	3	中心差分	133
数値微分	131	直交	78
スプライン補間法	82	直交関数列	78
スペクトル半径	56	直交行列	66
正規化	6	直交多項式	78
正則関数	22	直交変換	66
正則行列	56	テイラー展開	7, 22
正定値対称	44	等間隔格子	132
精度	23, 116	トーマス法	49
セカント法	18		
絶対誤差	5	**な行**	
漸化式	4		
線形移流方程式	142	2階線形微分方程式	136
前進差分	112, 133	2次の収束	17
前進消去	33	2次のルンゲ・クッタ法	118
線の方法	139	2分法	12
相似変換	56	2変数のテイラー展開	24
相対誤差	5	ニュートン・コーツの積分公式	96
		ニュートン法	16

は行

倍精度	6
掃き出し法	38
はさみうち法	14
ピボット	35
ヒルベルト行列	50
ファン・デル・ポールの微分方程式	128
フーリエ正弦変換	108
フーリエ変換	108
フーリエ余弦変換	108
フォン・ノイマンの安定性条件	145
ブロウエルの定理	60
複素増幅率	145
浮動小数点	6
浮動小数点演算	3
部分ピボット選択	35
ベアストウ法	26
ベイリー法	23
並列計算	53
ベキ乗法	63
変形（改訂）コレスキー法	46
ホイン法	118

ま行

マクローリン展開	7

丸め誤差	6
ミルン法	123
モンテカルロ法	100

や行

ヤコビ法	52, 66
有効数字	6
4次のルンゲ・クッタ法	118
予測子・修正子法	123

ら行

ラグランジュの補間多項式	72
ラグランジュ補間法	72
ラグランジュ補間法の誤差	74
離散フーリエ変換	108, 109
ルジャンドルの多項式	78, 105
ルンゲ・クッタ法	118
連立1階微分方程式	126
ロンバーグ積分	103

欧字・記号

FTCS法	147
LU分解	42
SOR法	54

著 者 略 歴

河 村 哲 也
(かわ　むら　てつ　や)

1980 年　東京大学大学院工学系研究科修士課程修了
　　　　東京大学助手，鳥取大学助教授，千葉大学助教
　　　　授・教授を経て，
1996 年　お茶の水女子大学理学部情報科学科教授
現　在　お茶の水女子大学
　　　　大学院人間文化創成科学研究科教授
　　　　工学博士
　　　　専門：数値流体力学，数値シミュレーション

主 要 著 書

流体解析 I（朝倉書店，1996）
キーポイント偏微分方程式（岩波書店，1997）
応用偏微分方程式（共立出版，1998）
理工系の数学教室 1〜5（朝倉書店，2003，2004，2005）
数物系のための複素関数論
　　　　（SGC ライブラリ-128，サイエンス社，2016）
非圧縮性流体解析（東京大学出版会，共著，1995）
環境流体シミュレーション（朝倉書店，共著，2001）

Computer Science Library-17
数値計算入門 [新訂版]

2006 年 4 月 25 日ⓒ　　　　初 版 発 行
2017 年 2 月 25 日　　　　　初版第10刷発行
2018 年 5 月 25 日ⓒ　　　　新訂第1刷発行

著　者　河村哲也　　　　発行者　森 平 敏 孝
　　　　　　　　　　　　印刷者　大 道 成 則
　　　　　　　　　　　　製本者　米 良 孝 司

発行所　　株式会社　サイエンス社

〒151-0051　東京都渋谷区千駄ヶ谷 1 丁目 3 番 25 号
営業 ☎ (03)5474-8500（代）　振替 00170-7-2387
編集 ☎ (03)5474-8600（代）　FAX ☎ (03)5474-8900

印刷　太洋社　　　　　　　製本　ブックアート
　　　　　　　《検印省略》
　　　本書の内容を無断で複写複製することは，著作者および出
　　　版社の権利を侵害することがありますので，その場合には
　　　あらかじめ小社あて許諾をお求め下さい。

ISBN978-4-7819-1421-3

PRINTED IN JAPAN

サイエンス社のホームページのご案内
http://www.saiensu.co.jp
ご意見・ご要望は
rikei@saiensu.co.jp まで